FOKUS CHEMIE

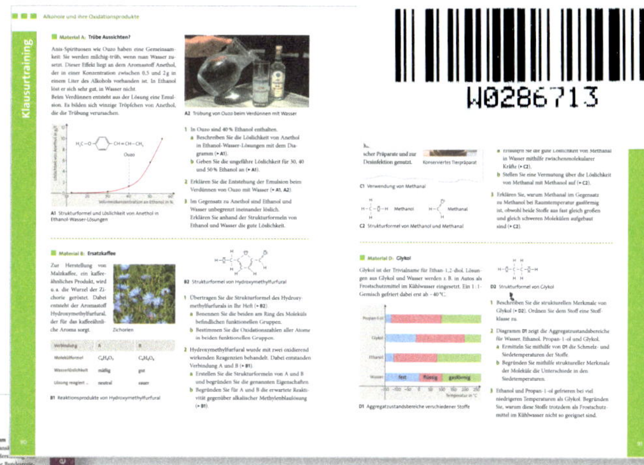

KLAUSURTRAINING

Training fürs Abitur: Ähnlich wie im Abitur werden Sie mit diesen Aufgaben herausgefordert! Beschäftigen Sie sich zuerst mit dem vorgestellten Material, damit Sie die Aufgaben lösen können.

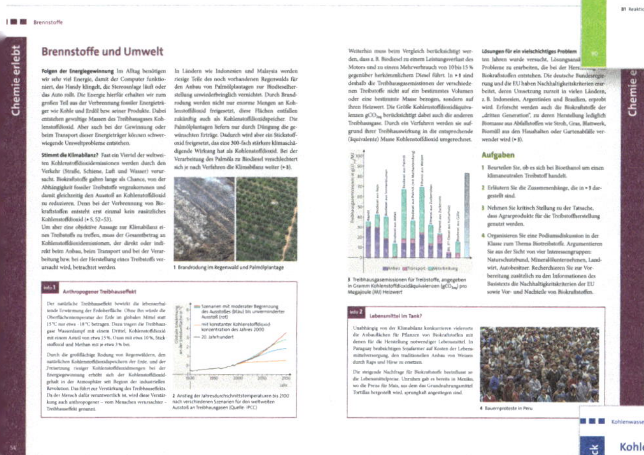

CHEMIE ERLEBT

Themen, die die Chemie lebendig machen: Energie, Umwelt, Geschichte, Gesundheit und mehr – mit Texten, Abbildungen und Experimenten, die tiefer in die Anwendungsbereiche der Chemie einsteigen lassen.

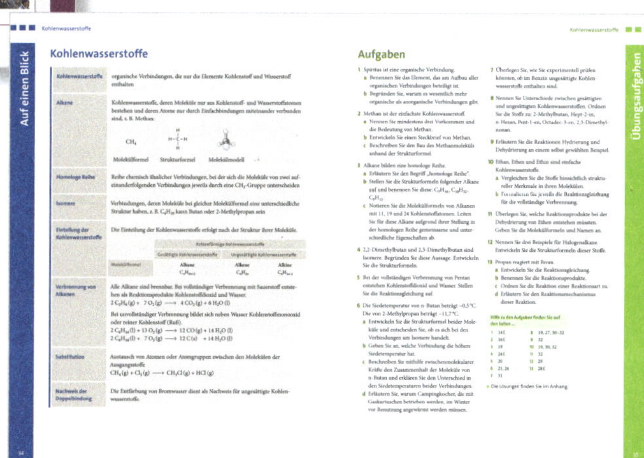

AUF EINEN BLICK UND ÜBUNGSAUFGABEN

Am Kapitelende finden Sie die wichtigsten Fachbegriffe *Auf einen Blick* erklärt.
Die Übungsaufgaben bieten zusätzliche Aufgaben zur Überprüfung des Grundwissens mit den Lösungen im Anhang.

FOKUS
CHEMIE

FOKUS CHEMIE

Autoren:	Dr. Karin Arnold, Jörn Peters
mit Beiträgen von:	Dr. Holger Fleischer, Chaya Stützel
Redaktion:	Sven Wilhelm
Designberatung:	Ellen Meister
Illustration und Grafik:	Hannes von Goessel, Brigit Janisch, Tom Menzel, Oxana Rödel
Layoutkonzept:	EYES-OPEN, Berlin
Layout und technische Umsetzung:	Oxana Rödel, Absatz DTP-Service, Teltow

Begleitmaterial zum Lehrwerk

Lösungen	978-3-06-011909-7
Handreichungen Teil 2 (Fokus Chemie SI)	978-3-06-013157-0
Begleitmaterial auf USB-Stick mit Unterrichtsmanager und E-Book auf Scook	978-3-06-011972-1

www.cornelsen.de

Das Buch setzt die neue EU-Verordnung zur Einstufung und Kennzeichnung von Chemikalien um (Globally Harmonised System of Classification and Labelling of Chemicals, GHS).

Experimente sind in der Regel Schüler-Experimente. Wenn sie mit einem L markiert sind, dürfen sie nur von der Lehrerin oder dem Lehrer durchgeführt werden. Editierbare Gefährdungsbeurteilungen zu den Experimenten sind auf dem USB-Stick enthalten.

1. Auflage, 1. Druck 2017

Alle Drucke dieser Auflage sind inhaltlich unverändert und können im Unterricht nebeneinander verwendet werden.

Druck: Mohn Media Mohndruck, Gütersloh

ISBN 978-3-06-011825-0 (Schülerbuch)
ISBN 978-3-06-011912-7 (E-Book)

PEFC
PEFC/04-31-1033

PEFC zertifiziert
Dieses Produkt stammt aus nachhaltig bewirtschafteten Wäldern und kontrollierten Quellen.
www.pefc.de

FOKUS
CHEMIE SII

EINFÜHRUNGSPHASE
NIEDERSACHSEN

Cornelsen

Inhalt

ALKOHOLE UND IHRE OXIDATIONSPRODUKTE 60

ANHANG 92

Rückblick in die Sekundarstufe I

Chemische Reaktion

Bei chemischen Reaktionen werden durch Stoffumwandlung aus Ausgangsstoffen Reaktionsprodukte mit anderen Eigenschaften gebildet. Chemische Reaktionen sind immer auch von Energieumwandlungen begleitet. Bei einer exothermen Reaktion wird Energie, z. B. als Wärme, freigesetzt. Zum Starten der Reaktion muss sie aktiviert werden. Die dafür notwendige Energie ist die Aktivierungsenergie. Damit eine endotherme Reaktion ablaufen kann, muss ständig Energie (meist Wärme) zugeführt werden.

Exotherme Reaktion

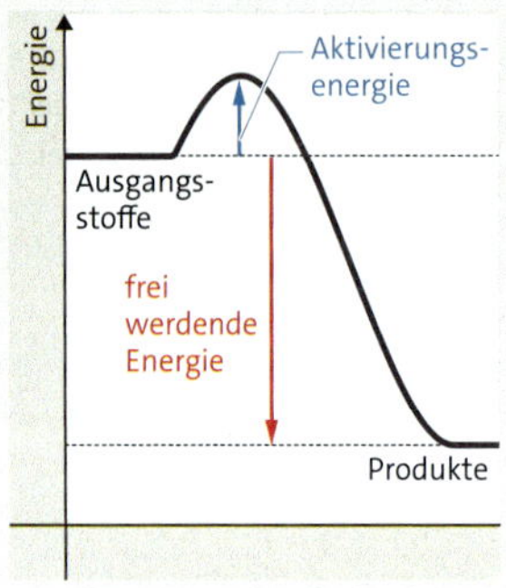

Chemische Energie der Ausgangsstoffe > Chemische Energie der Reaktionsprodukte

Endotherme Reaktion

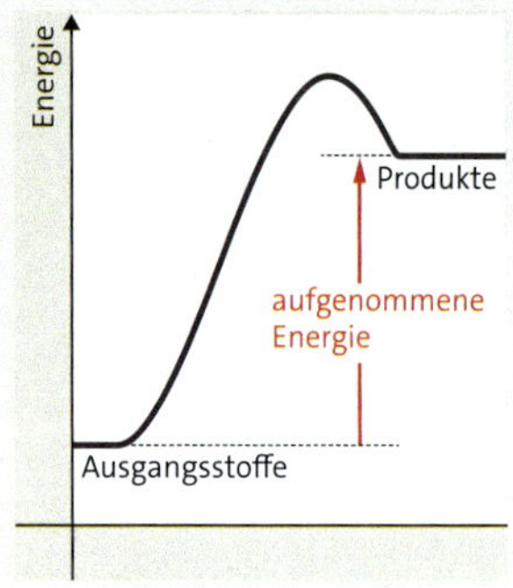

Chemische Energie der Ausgangsstoffe < Chemische Energie der Reaktionsprodukte

Einsatz eines Katalysators

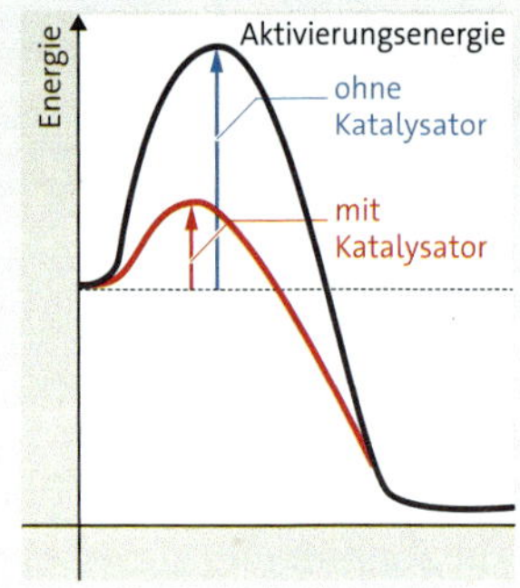

Durch Einsatz eines Katalysators wird die Aktivierungsenergie einer chemischen Reaktion herabgesetzt.

Ionenverbindungen, Ionen, Ionenbindung

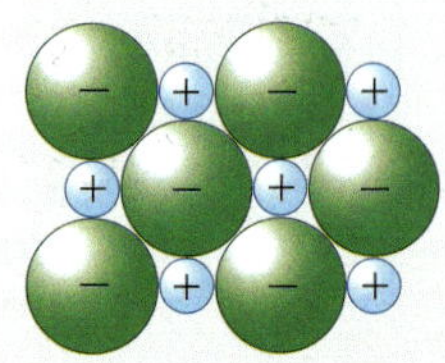

Ionenverbindungen, z. B. Salze, sind Stoffe, die aus positiv geladenen Kationen und negativ geladenen Anionen aufgebaut sind.
Die starken, allseitig wirkenden Anziehungskräfte zwischen den ungleichnamigen Ionen bewirken den Zusammenhalt der Teilchen. Sie werden Ionenbindung genannt.

Ionenverbindungen entstehen bei der Reaktion von Metallen mit Nichtmetallen:
$2\,Na + Cl_2 \longrightarrow 2\,NaCl$

Molekülverbindungen, Moleküle, Elektronenpaarbindung

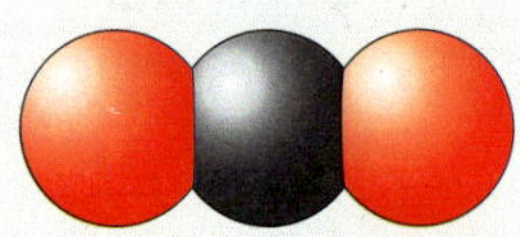

⟨O=C=O⟩

Molekülverbindungen oder molekulare Stoffe sind Stoffe, die aus Molekülen aufgebaut sind.
Moleküle sind Teilchen, die aus mindestens zwei miteinander verbundenen Nichtmetallatomen zusammengesetzt sind. Die Atome sind über gemeinsame Elektronenpaare fest miteinander verbunden. Diese Art der chemischen Bindung wird **Elektronenpaarbindung** genannt.

Bei der Reaktion von Nichtmetallen entstehen Molekülverbindungen, z. B.:
$C + O_2 \longrightarrow CO_2$

Edelgasregel

Energetisch stabile Elektronenverteilung bei Atomen, die eine Außenschale mit acht Elektronen besitzen (Ausnahme Wasserstoffatome: Außenschale mit zwei Elektronen). In Molekülen erfüllen die beteiligten Nichtmetallatome die Edelgasregel durch Ausbildung gemeinsamer Elektronenpaare.

Fluormolekül F_2	Wassermolekül H_2O	Kohlenstoffdioxidmolekül CO_2
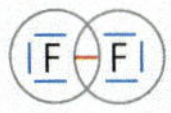	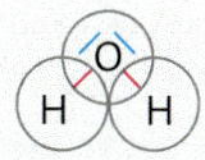	
F-Atome: jeweils ein gemeinsames Elektronenpaar und drei freie Elektronenpaare	**H-Atome:** jeweils ein gemeinsames Elektronenpaar **O-Atom:** zwei gemeinsame Elektronenpaare und zwei freie Elektronenpaare	**C-Atom:** vier gemeinsame Elektronenpaare **O-Atome:** jeweils zwei gemeinsame Elektronenpaare und zwei freie Elektronenpaare

Elektronegativität

Maß für die Anziehungskraft von Atomen auf gemeinsame Elektronenpaare. Je größer die Elektronegativitätdifferenz (ΔEN) zwischen den Nichtmetallatomen ist, desto polarer ist die Elektronenpaarbindung. Die Elektronegativität kann aus dem Periodensystem der Elemente abgelesen werden.

Chlorwasserstoffmolekül HCl	Kohlenstoffdioxidmolekül CO_2	Phosphanmolekül PH_3
EN(H) = 2,1 EN(Cl) = 3,0 $\Delta EN = 3{,}0 - 2{,}1 = 0{,}9$	EN(C) = 2,5 EN(O) = 3,5 $\Delta EN = 3{,}5 - 2{,}5 = 1{,}0$	EN(H) = 2,1 EN(P) = 2,1 $\Delta EN = 2{,}1 - 2{,}1 = 0$

Polare Elektronenpaarbindung

Elektronenpaarbindung zwischen verschiedenen Nichtmetallatomen, bei der die gemeinsamen Elektronenpaare zum Atom mit der größeren Elektronegativität (EN) hin verschoben sind. Dadurch entstehen an Atomen mit der größeren Elektronegativität eine elektrisch negative Teilladung (δ–) und an Atomen mit der kleineren Elektronegativität eine elektrisch positive Teilladung (δ+).

Beispiel: $\overset{\delta+}{H} \blacktriangleleft \overset{\delta-}{\underline{\overline{Cl}}}|$

Dipolmoleküle

Moleküle, in denen getrennte Ladungsschwerpunkte für die positive und negative Teilladung existieren. Voraussetzung für Dipolmoleküle sind polare Elektronenpaarbindungen.

Wassermolekül H_2O	Kohlenstoffdioxidmolekül CO_2
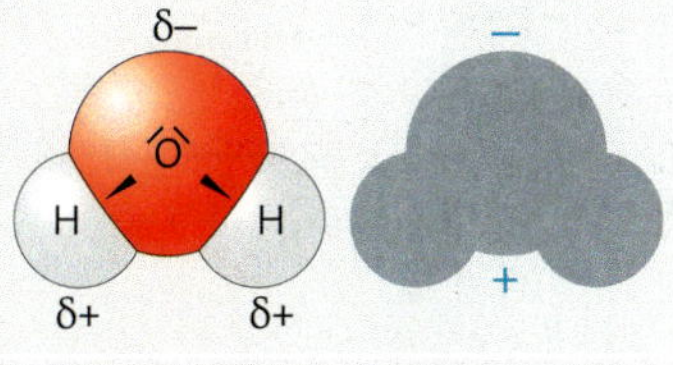	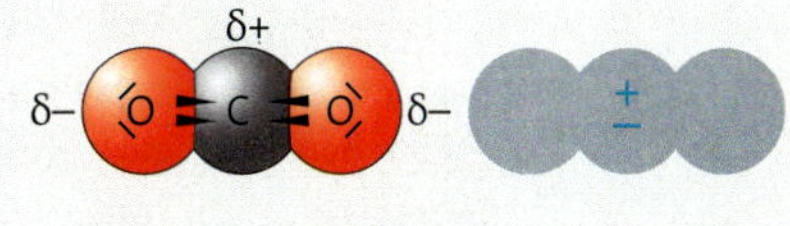
Dipolmolekül: Die negative Teilladung am Sauerstoffatom und die positiven Teilladungen an den Wasserstoffatomen bilden durch den gewinkelten Bau des Moleküls zwei räumlich getrennte Ladungsschwerpunkte.	**Kein Dipolmolekül:** Durch die symmetrische Anordnung der beiden negativen Teilladungen der Sauerstoffatome um die positive Teilladung am Kohlenstoffatom sind der negative und positive Ladungsschwerpunkt räumlich nicht getrennt.

Zwischenmolekulare Kräfte

schwache Anziehungskräfte, die zwischen Molekülen auftreten. Mithilfe zwischenmolekularer Kräfte können die Eigenschaften wie Schmelz- und Siedetemperaturen sowie die Löslichkeit erklärt werden. Es werden drei Arten unterschieden:

Wasserstoffbrücken

Als Wasserstoffbrücken bezeichnet man die Anziehungskräfte zwischen einem Wasserstoffatom mit einer großen positiven Teilladung und einem freien Elektronpaar eines stark elektronegativen Atoms wie dem O-, N- und F-Atom. Wasserstoffbrücken treten u. a. zwischen Wassermolekülen oder zwischen Ammoniakmolekülen auf.

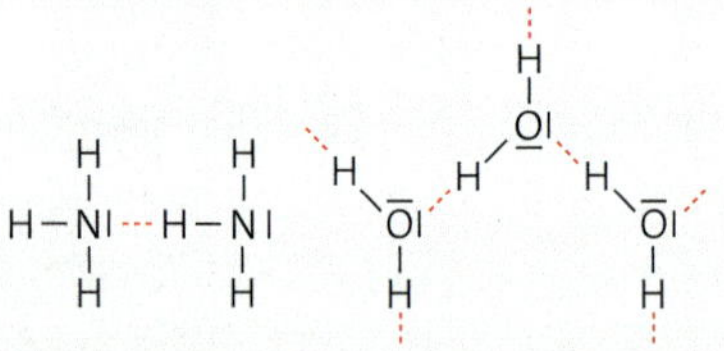

Dipol-Dipol-Kräfte

Anziehungskräfte zwischen Dipolmolekülen. Sie entstehen durch die elektrostatische Anziehung zwischen den ungleichnamigen Ladungsschwerpunkten der Moleküle. Dipol-Dipol-Kräfte treten u. a. zwischen Chlorwasserstoffmolekülen oder zwischen Schwefelwasserstoffmolekülen auf.

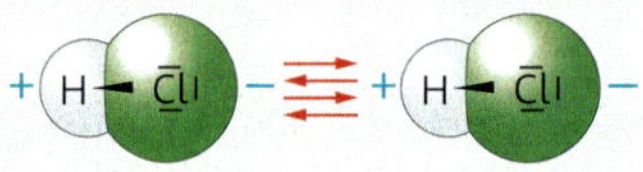

Van-der-Waals-Kräfte

Auch zwischen Molekülen, die über keine getrennten Ladungsschwerpunkte verfügen, existieren Anziehungskräfte. Sie entstehen durch temporäre Dipole aufgrund der unsymmetrischen Ladungsverteilung in den Elektronenhüllen der Moleküle. Ihre Stärke hängt von der Molekülgröße und Anzahl der Elektronen ab.
Beispiel: Iodmoleküle

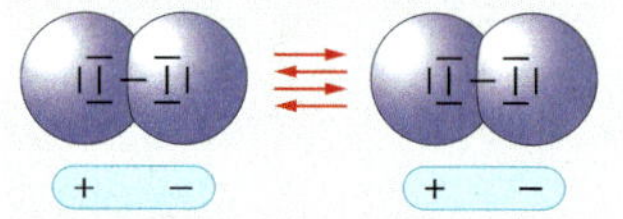

Donator-Akzeptor-Konzept

Das Donator-Akzeptor-Konzept ist Grundlage zum Verstehen vieler chemischer Reaktionen. Es beschreibt das gegenseitige Aufnehmen und Abgeben von Elektronen bei Redoxreaktionen bzw. von Protonen bei Säure-Base-Reaktionen durch die beteiligten Reaktionspartner während der Reaktion.

Redoxreaktion:
Reaktion mit Elektronenübertragung

chemische Reaktionen, bei denen ein oder mehrere Elektronen von einem Elektronendonator auf einen Elektronenakzeptor übertragen werden

Elektronenabgabe/Oxidation:

$2\,Mg \longrightarrow 2\,Mg^{2+} + 4\,e^-$
Elektronendonator

Elektronenaufnahme/Reduktion:

$O_2 + 4\,e^- \longrightarrow 2\,O^{2-}$
Elektronenakzeptor

Elektronenübertragung/Redoxreaktion:

$2\,Mg + O_2 \longrightarrow 2\,MgO$

Säure-Base-Reaktion:
Reaktion mit Protonenübertragung

chemische Reaktionen, bei denen ein oder mehrere Protonen von einem Protonendonator (Säure) auf einen Protonenakzeptor (Base) übertragen werden

Protonenabgabe:

$HCl \longrightarrow H^+ + Cl^-$
Protonendonator

Protonenaufnahme:

$H_2O + H^+ \longrightarrow H_3O^+$
Protonenakzeptor

Protonenübertragung/Säure-Base-Reaktion:

$HCl + H_2O \longrightarrow Cl^- + H_3O^+$

Beziehungen zwischen quantitativen Größen

Zwischen der Stoffmenge, der Masse und dem Volumen von Stoffportionen bestehen proportionale Zusammenhänge:

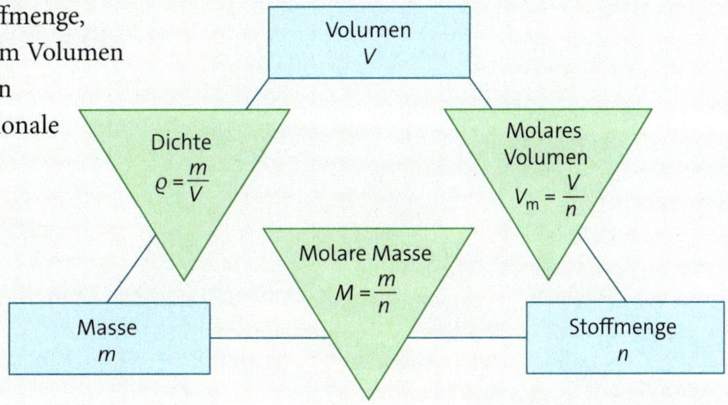

Stöchiometrische Berechnungen

Mithilfe der Beziehungen zwischen quantitativen Größen können stöchiometrische Berechnungen durchgeführt werden.

Berechnung einer gesuchten Masse aus einer gegebenen Masse:

Berechne die Masse an Aluminium zur Herstellung von 300 g Aluminiumoxid.

$4\,Al + 3\,O_2 \longrightarrow 2\,Al_2O_3$

$$m(Al) = \frac{n(Al)}{n(Al_2O_3)} \cdot \frac{M(Al)}{M(Al_2O_3)} \cdot m(Al_2O_3)$$

$$m(Al) = \frac{4}{2} \cdot \frac{27\,\frac{g}{mol}}{102\,\frac{g}{mol}} \cdot 300\,g = 158{,}8\,g$$

Allgemein gilt:

$$m_{ges} = \frac{n_{ges}}{n_{geg}} \cdot \frac{M_{ges}}{M_{geg}} \cdot m_{geg}$$

Berechnung einer gesuchten Masse aus einem gegebenen Gasvolumen:

Berechne die Masse an Magnesium, die in 85 l Sauerstoff vollständig verbrennen ($V_m = 22{,}4\,\frac{l}{mol}$).

$2\,Mg + 1\,O_2 \longrightarrow 2\,MgO$

$$m(Mg) = \frac{n(Mg)}{n(O_2)} \cdot \frac{M(Mg)}{V_m} \cdot V(O_2)$$

$$m(Mg) = \frac{2}{1} \cdot \frac{24\,\frac{g}{mol}}{22{,}4\,\frac{l}{mol}} \cdot 85\,l = 182{,}1\,g$$

Allgemein gilt:

$$m_{ges} = \frac{n_{ges}}{n_{geg}} \cdot \frac{M_{ges}}{V_m} \cdot V_{geg}$$

Berechnung eines gesuchten Gasvolumens aus einer gegebenen Masse:

Berechne das entstehende Sauerstoffvolumen bei der Analyse von 0,5 g Silberoxid ($V_m = 22{,}4\,\frac{l}{mol}$).

$2\,Ag_2O \longrightarrow 4\,Ag + 1\,O_2$

$$V(O_2) = \frac{n(O_2)}{n(Ag_2O)} \cdot \frac{V_m}{M(Ag_2O)} \cdot m(Ag_2O)$$

$$V(O_2) = \frac{1}{2} \cdot \frac{22{,}4\,\frac{l}{mol}}{232\,\frac{g}{mol}} \cdot 0{,}5\,g = 0{,}024\,l = 24\,ml$$

Allgemein gilt:

$$V_{ges} = \frac{n_{ges}}{n_{geg}} \cdot \frac{V_m}{M_{geg}} \cdot m_{geg}$$

Berechnung eines gesuchten Gasvolumens aus einem gegebenen Gasvolumen:

Berechne das Volumen an Wasserstoff, um 40 m³ Ammoniak aus den Elementen herzustellen.

$N_2 + 3\,H_2 \longrightarrow 2\,NH_3$

$$V(H_2) = \frac{n(H_2)}{n(NH_3)} \cdot V(NH_3)$$

$$V(H_2) = \frac{3}{2} \cdot 40\,m^3 = 60\,m^3$$

Allgemein gilt:

$$V_{ges} = \frac{n_{ges}}{n_{geg}} \cdot V_{geg}$$

Kohlenwasserstoffe

Reis ist für mehr als die Hälfte der Weltbevölkerung das Hauptnahrungsmittel. Jährlich werden weltweit 600 Millionen Tonnen geerntet. Beim Reisanbau steigen aber große Mengen Biogas auf, die eine Gefahr für das Weltklima darstellen, da Biogas vor allem aus dem Treibhausgas Methan besteht.
Aber auch beim Betreiben eines Heißluftballons mit Propangas, beim Abbrennen von Paraffinkerzen oder beim Schweißbrennen mit Acetylen, stets handelt es sich um Kohlenwasserstoffe.

Eigenschaften organischer Stoffe

Exp. 1 Erhitzen von Stoffen

Vorsicht! Abzug! Erhitzen Sie jeweils in einem Reagenzglas etwas Zucker, Kochsalz, Stärke, Papier, Holz, Gummibärchen, Pflanzenblatt, Baumwolle und Marmor.

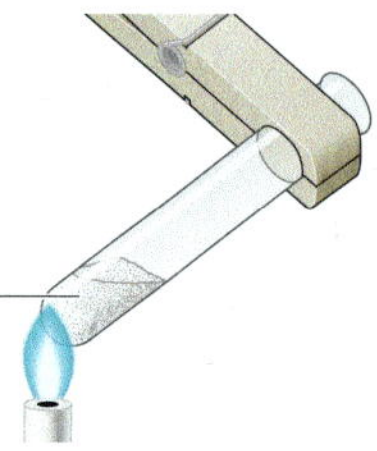

Beobachten Sie jeweils vor, während und nach dem Erhitzen. Beschreiben Sie das Aussehen der Stoffe vor und nach dem Erhitzen. Deuten Sie mögliche Veränderungen.
Entsorgung: Reste in den Hausmüll geben.

Exp. 2 Verbrennungsprodukte einer Bienenwachskerze

Bauen Sie die Versuchsapparatur gemäß der Abbildung auf. Füllen Sie die Waschflasche zu einem Viertel mit Kalkwasser (GHS 5). Kühlen Sie das U-Rohr in einem Wasserbad. Stellen Sie eine brennende Kerze unter den Trichter. Saugen Sie mit einer Wasserstrahlpumpe die Verbrennungsgase durch die Apparatur, bis im U-Rohr und in der Gaswaschflasche deutliche Effekte zu beobachten sind. Geben Sie danach eine Spatelspitze weißes Kupfer(II)-sulfat (GHS 5|7|9) in das U-Rohr.

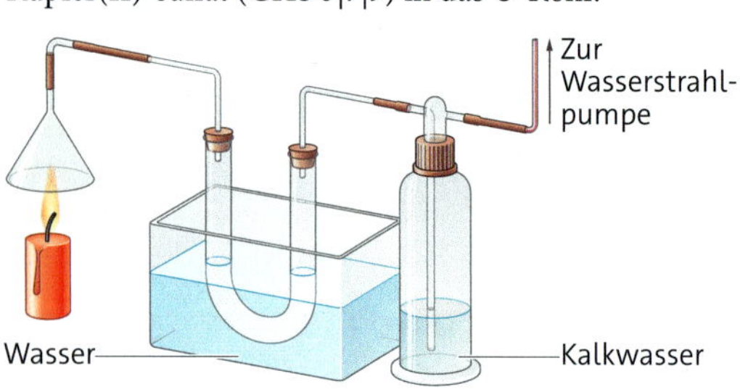

Notieren Sie Ihre Beobachtungen. Benennen Sie die Reaktionsprodukte und begründen Sie Ihre Aussage.
Entsorgung: Kalkwasser in das Abwasser geben, Kupfer(II)-sulfat einsammeln.

Exp. 3 Verbrennen von Erdgas

Verwenden Sie die gleiche Versuchsapparatur wie bei Exp. 3. Ersetzen Sie den Glastrichter durch einen Metalltrichter. Stellen Sie einen Gasbrenner (GHS 2) unter den Trichter und entzünden Sie ihn. Saugen Sie mit einer Wasserstrahlpumpe die Verbrennungsgase durch die Apparatur, bis im U-Rohr und in der Gaswaschflasche (GHS 5) deutliche Effekte zu beobachten sind. Geben Sie danach eine Spatelspitze weißes Kupfer(II)-sulfat (GHS 5|7|9) in das U-Rohr. Notieren Sie Ihre Beobachtungen.
Entsorgung: Kalkwasser in das Abwasser geben, Kupfer(II)-sulfat einsammeln.

Exp. 4 Bestimmen der Dichte von Methan

Stecken Sie auf die Spitze einer Spritze einen Dreiwegehahn und schließen Sie diesen. Ziehen Sie den Kolben so weit aus der Spritze, dass er mit einem Nagel fixiert werden kann, der durch ein Loch im Kolben gesteckt wird. Wiegen Sie die nun luftleere Spritze. Öffnen Sie die Erdgaszufuhr am Tisch. Lassen Sie Gas (GHS 2) aus dem Schlauch strömen, damit alle Luft verdrängt ist, und setzen Sie den Schlauch dann auf die seitliche Öffnung des Dreiwegehahns. Öffnen Sie den Dreiwegehahn so, dass nur das Erdgas in die Spritze strömen kann. Schließen Sie den Hahn wieder und entfernen Sie erst dann den Schlauch. Schließen Sie dann schnell die Gaszufuhr am Tisch. Wiegen Sie nun die mit Methan gefüllte Spritze. Wiederholen Sie die gesamte Durchführung dreimal.

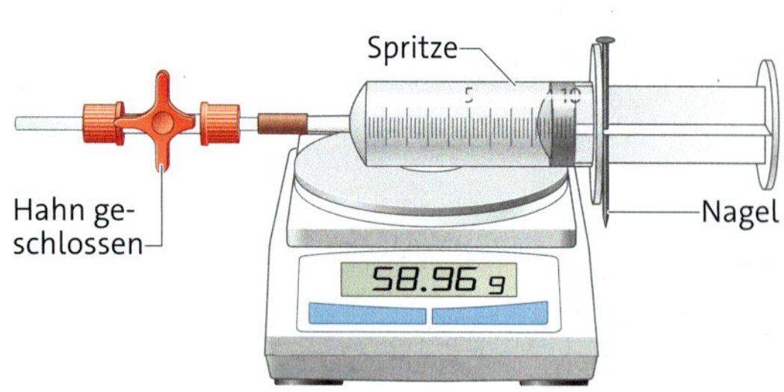

Bestimmen Sie die Dichte von Methan und berechnen Sie daraus die molare Masse.
Entsorgung: Spritzen einsammeln.

Exp. 5

Erhitzen von festen Alkanen

Geben Sie einige Späne von Eicosan in ein Reagenzglas und erhitzen Sie vorsichtig mit der rauschenden Flamme. Wiederholen Sie das Experiment mit einem höheren Alkan.
Beschreiben und deuten Sie Ihre Beobachtungen.
Entsorgung: Reste in den Behälter für halogenfreie organische Abfälle geben.

Exp. 6 2 7 8 9

Mischbarkeit von Alkanen

Füllen Sie in zwei Reagenzgläser etwa 2 cm hoch Heptan (GHS 2|7|8|9). Geben Sie mit einer Pipette acht Tropfen Octan (GHS 2|7|8|9) in das eine Reagenzglas und acht Tropfen Wasser in das andere. Rühren Sie vorsichtig mit einem Glasstab um. Wiederholen Sie das Experiment mit Paraffinöl, dem einmal Octan, das andere Mal Wasser zugesetzt wird. Notieren Sie Ihre Beobachtungen. Deuten Sie das Ergebnis.
Entsorgung: Reste von Alkanen in den Behälter für halogenfreie organische Abfälle geben.

Exp. 7 2 7 8 9

Brennbarkeit von verschiedenen Alkanen

A: Entzünden Sie einen Holzspan, halten Sie ihn über einen Brenner und öffnen Sie langsam die Gaszufuhr.
B: Geben Sie jeweils 2 ml Heptan (GHS 2|7|8|9) und Paraffinöl in je eine Porzellanschale. Versuchen Sie mit einem langen, brennenden Holzspan die Stoffe zu entzünden.

Beschreiben Sie Ihre Beobachtungen. Interpretieren Sie die Ergebnisse.
Entsorgung: Reste von Alkanen in den Behälter für halogenfreie organische Abfälle geben.

Exp. 8 2 7 8 9

Löslichkeit von Fetten und Ölen in Alkanen

Füllen Sie in zwei Reagenzgläser etwa 2 cm hoch Octan (GHS 2|7|8|9). Geben Sie danach mit dem Spatel etwas Schmalz bzw. Speiseöl dazu. Rühren Sie vorsichtig mit dem Glasstab um. Wiederholen Sie das Experiment, aber ersetzen Sie Octan durch Wasser. Notieren Sie Ihre Beobachtungen. Diskutieren Sie die ermittelten Ergebnisse.
Entsorgung: Reste von Alkanen in den Behälter für halogenfreie organische Abfälle, übrige Flüssigkeiten ins Abwasser geben.

Exp. 9 2 7 8 9

Ermitteln der Auslaufzeiten von flüssigen Alkanen

Ziehen Sie Heptan (GHS 2|7|8|9) mit einer Pipettierhilfe bis zur Nullmarke einer Pipette auf. Starten Sie den Auslauf, indem Sie die Pipettierhilfe abziehen. Messen Sie die Auslaufzeit. Wiederholen Sie das Experiment mit Dodecan (GHS 8) und Paraffinöl. Notieren Sie Ihre Beobachtungen. Deuten Sie das Ergebnis.
Entsorgung: Reste von Alkanen in den Behälter für halogenfreie organische Abfälle geben.

Exp. 10 2 7 8 9

Elektrische Leitfähigkeit von verschiedenen Alkanen

Bauen Sie die Versuchsapparatur nach der Experimentieranordnung auf. Prüfen Sie nacheinander Heptan (GHS 2|7|8|9), Octan (GHS 2|7|8|9), Dodecan (GHS 8) und Paraffinöl auf elektrische Leitfähigkeit. Fertigen Sie ein Protokoll an.

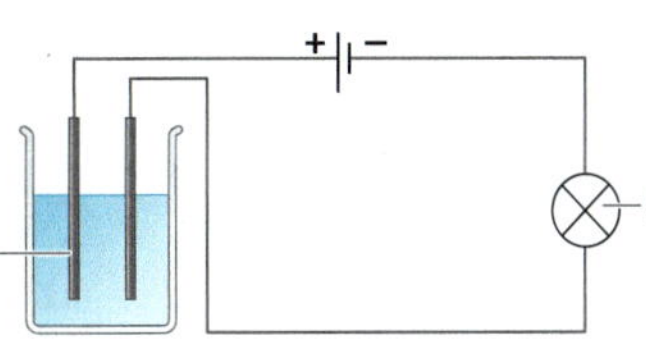

Entsorgung: Reste von Alkanen in den Behälter für halogenfreie organische Abfälle geben.

Organische Chemie – organische Stoffe

Aufgeregt beschrieb FRIEDRICH WÖHLER in einem Brief an JÖNS JAKOB BERZELIUS seine neue Entdeckung. Die beiden Chemiker hatten sich in Stockholm kennen- und schätzen gelernt, als WÖHLER zunächst Praktikant bei BERZELIUS war.

Berlin, 28. Februar 1828

Lieber Herr Professor!

Obgleich ich sicher hoffe, einen Brief von Ihnen zu erhalten, so will ich ihn doch nicht abwarten, sondern schon wieder schreiben, denn ich kann sozusagen mein chemisches Wasser nicht halten und muß Ihnen erzählen, daß ich Harnstoff machen kann, ohne dazu Nieren oder überhaupt ein Thier, sey es Mensch oder Hund, nöthig zu haben.

Ich fand, daß immer, wenn man Cyansäure mit Ammoniak zu verbinden sucht, eine kristallisierte Substanz entsteht, die … weder auf Cyansäure noch Ammoniak reagierte …, und es bedurfte nun weiter Nichts als einer vergleichenden Untersuchung mit Pisse-Harnstoff, den ich in jeder Hinsicht selbst gemacht hatte, und dem Cyan-Harnstoff. Wenn nun … kein anderes Produkt als Harnstoff entstanden war, so mußte endlich … der Pisse-Harnstoff genau dieselbe Zusammensetzung haben wie das cyansaure Ammoniak. Und dies ist in der That der Fall …

1 Auszug eines Briefes von WÖHLER an BERZELIUS

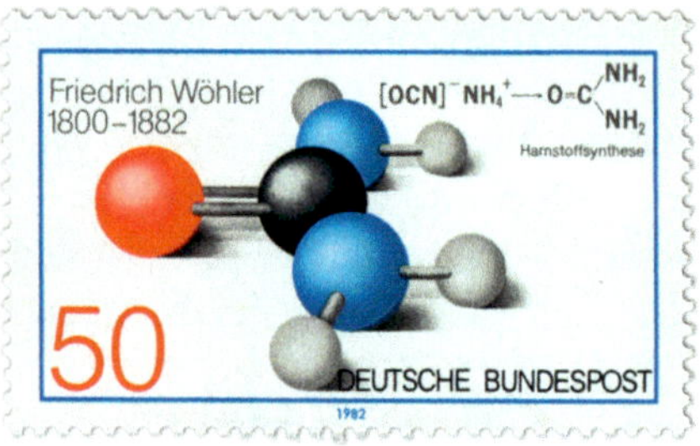

2 Harnstoffsynthese – Gedenkmarke zum 100. Todestag WÖHLERS

3 FRIEDRICH WÖHLER (1800 bis 1882)

Organische und anorganische Stoffe Bereits im 18. Jahrhundert erkannten Naturforscher, dass sich Mineralien, Erze und Gesteine durch ihr chemisches Verhalten und ihren Aufbau von solchen Stoffen unterscheiden, die im Körper von Pflanzen, Tieren und Menschen gebildet werden. Der schwedische Chemiker JÖNS JAKOB BERZELIUS (1779 bis 1848) bezeichnete deshalb um 1807 solche Stoffe, die von lebenden Organismen hergestellt werden, als organische Stoffe. Er glaubte damals, dass organische Stoffe nur von Pflanzen oder Tieren unter Einfluss einer geheimnisvollen „Lebenskraft“ gebildet werden könnten. Eine Herstellung im Labor wurde für unmöglich gehalten.

WÖHLER – Wegbereiter der organischen Chemie Die Auffassung über organische Stoffe änderte sich erst, als 1828 der deutsche Chemiker FRIEDRICH WÖHLER in seinem Labor aus dem anorganischen Salz Ammoniumcyanat die organische Verbindung Harnstoff erhalten hatte (▸1). Harnstoff wird in Tieren und im Menschen als ein Endprodukt des Eiweißstoffwechsels gebildet und durch Urin ausgeschieden. Erstmals war WÖHLER die Herstellung einer organischen Verbindung im Labor ohne Mitwirkung der angenommenen „Lebenskraft“ gelungen.

Zusammensetzung organischer Stoffe Trotz WÖHLERS Entdeckung wird die historische Trennung zwischen organischen und anorganischen Stoffen bis heute beibehalten: Erhitzt man verschiedene Stoffe, beobachtet man bei organischen Stoffen wie Zucker oder Stärke eine Schwarzfärbung. Zusätzlich zur Farbveränderung bilden sich Wasserdampf und Rauch (▸Exp. 1, S. 12). Die organischen Stoffe zersetzen sich bei hohen Temperaturen. Sie sind auch durch Abkühlen nicht wieder in den Ausgangszustand zurückzubringen.

Beim Erhitzen verkohlen organische Stoffe. Es bildet sich schwarzer Ruß, der aus elementarem Kohlenstoff besteht. Das Verkohlen kann im Labor oder im Alltag beobachtet werden. Beim unabsichtlichen Anbrennen von Milch, Fleisch oder beim Toasten von Brot bilden sich schwarze, ungenießbare Reaktionsprodukte (▸**4**).

Eine Kerze besteht aus organischen Stoffen. Untersucht man deren Verbrennungsprodukte (▸Exp. 2, S. 12), so lassen sich mithilfe von weißem Kupfer(II)-sulfat Wasser (H_2O) und mit Kalkwasser Kohlenstoffdioxid (CO_2) nachweisen. Die Sauerstoffatome in diesen Verbindungen können aus dem Luftsauerstoff stammen, die Wasserstoffatome müssen aber in der organischen Verbindung enthalten sein. Auch die im Kohlenstoffdioxid enthaltenen Kohlenstoffatome sind ein weiterer Beleg für Kohlenstoff als Bindungspartner in organischen Stoffen.

Weitere Analysen organischer Stoffe zeigen, dass an ihrem Aufbau nur wenige Elemente beteiligt sind. Neben Kohlenstoff und Wasserstoff sind dies vor allem Sauerstoff, Stickstoff, Schwefel, Phosphor und Halogene sowie Metalle wie Eisen, Kupfer oder Magnesium.
Organische Stoffe, die nur die Elemente Kohlenstoff und Wasserstoff enthalten, bezeichnet man als **Kohlenwasserstoffe.**

Vielfalt der organischen Verbindungen Kohlenstoffatome können untereinander stabile Elektronenpaarbindungen ausbilden. Sie können sich zu ketten- oder ringförmigen Molekülen verbinden (▸**5**). Jedes Kohlenstoffatom kann dabei bis zu vier Bindungspartner haben. Aufgrund dieser Besonderheit ist eine riesige Anzahl verschiedener Verbindungen möglich. Bis heute sind mehr als 13 Millionen Kohlenstoffverbindungen bekannt und täglich werden im Labor neue synthetisiert.

Einige Eigenschaften der Kohlenwasserstoffe Die Moleküle der Kohlenwasserstoffe haben untereinander durch Van-der-Waals-Kräfte einen relativ geringen Zusammenhalt. Deshalb kann man einige von ihnen wie Benzin am charakteristischen Geruch erkennen, der auch in großer Verdünnung bemerkbar ist. Sie sind also leicht flüchtig und leicht entzündlich.
Die Siede- und Schmelztemperaturen der Kohlenwasserstoffe liegen im Vergleich zu den anorganischen Verbindungen bei niedrigeren Temperaturen. Sie sind zudem in Wasser unlöslich (▸**6**).

> **Die organische Chemie befasst sich mit Stoffen, an deren Aufbau die Elemente Kohlenstoff und Wasserstoff beteiligt sind.**

4 Verkohltes Brötchen

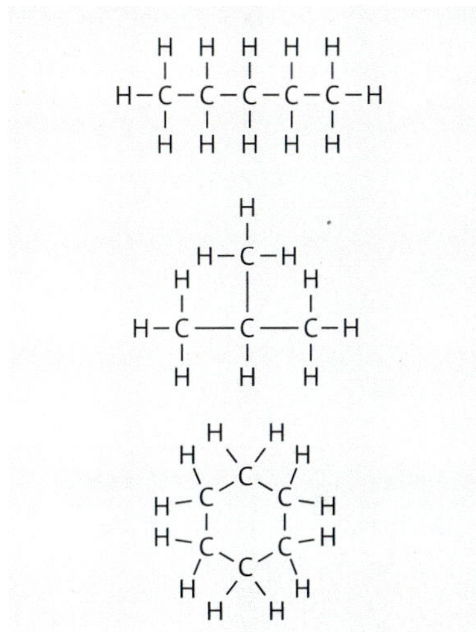

5 Verknüpfungen von Kohlenstoffatomen

6 Benzin ist unlöslich in Wasser (rot angefärbt).

Aufgaben

1 Sortieren Sie die folgenden Stoffe nach organischen und anorganischen Stoffen: Brot, Kalk, Holz, Citronensäure, Wasser, Kohlenstoffdioxid. Begründen Sie Ihre Entscheidungen.

2 Kohlensäure ist kein organischer Stoff. Begründen Sie diese Aussage mithilfe der Definition von Wöhler und Berzelius.

Methan

Zum Kochen und Heizen wird häufig Erdgas genutzt. Es besteht fast ausschließlich aus Methan.

1 Methan verbrennt mit blauer Flamme.

Gegeben:
$\varrho(\text{Methan}) = 0{,}67\,\frac{\text{g}}{\text{l}}$
$V_\text{m} = 24{,}1\,\frac{\text{l}}{\text{mol}}$

Gesucht:
$M(\text{Methan})$

Lösung:
$$M(\text{Methan}) = \varrho(\text{Methan}) \cdot V_\text{m} = 0{,}67\,\frac{\text{g}}{\text{l}} \cdot 24{,}1\,\frac{\text{l}}{\text{mol}} = 16{,}1\,\frac{\text{g}}{\text{mol}}$$

2 Berechnung der molaren Masse von Methan mithilfe des molaren Volumens

Noch gewusst?
Das Kohlenstoffatom ist im Periodensystem in der vierten Hauptgruppe zu finden und hat selbst vier Außenelektronen. Geht ein Kohlenstoffatom vier Elektronenpaarbindungen ein, so ist die Edelgasregel erfüllt.

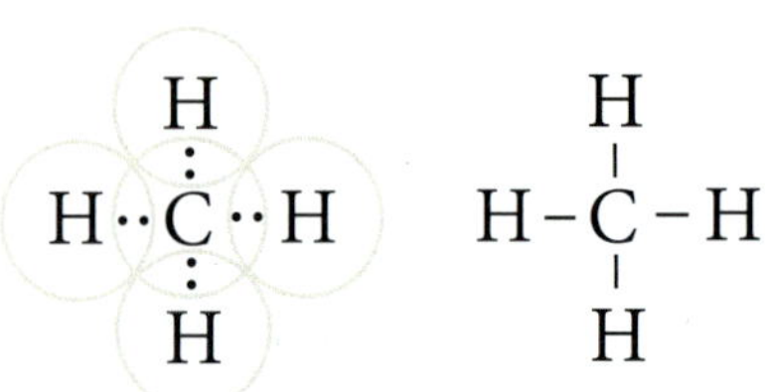

3 Elektronenpaarbindungen im Methanmolekül

Methan – der einfachste Kohlenwasserstoff Bei der Verbrennung von Methan nutzt man häufig die dabei frei werdende Energie – wie beim Kochen oder Heizen (▸**1**). Als Reaktionsprodukte entstehen dabei Wasser und Kohlenstoffdioxid (▸Exp. 3, S. 12). Methan könnte also die Elemente Kohlenstoff, Wasserstoff und Sauerstoff enthalten. Wie sind die Moleküle von Methan aufgebaut?

Aus der experimentell bestimmbaren Dichte von Methan berechnet man hierzu die molare Masse (▸Exp. 4, S. 12; ▸**2**). Sie beträgt ca. $16\,\frac{\text{g}}{\text{mol}}$, ein Methanmolekül hat also eine Masse von 16 u. Daraus kann man schließen, dass am Aufbau keine Sauerstoffatome (Atommasse 16 u) und nur ein Kohlenstoffatom (Atommasse 12 u) beteiligt sein kann. Aus der Differenz von 16 u und 12 u ergibt sich, dass vier Wasserstoffatome mit der Masse 1 u beteiligt sind. Die **Molekülformel** von Methan lautet also $\mathbf{CH_4}$. Methan ist der einfachste Kohlenwasserstoff.

Im Methanmolekül sind vier Wasserstoffatome mit einem Kohlenstoffatom verbunden.

Molekülstruktur des Methanmoleküls Ein Wasserstoffatom kann immer nur eine Elektronenpaarbindung eingehen. Die vier Wasserstoffatome umgeben deshalb das Kohlenstoffatom und sind jeweils über ein gemeinsames Elektronenpaar mit dem Kohlenstoffatom verbunden (▸**3**).
Die Bindungen im Methanmolekül liegen nicht in einer Ebene, sondern sind räumlich mit möglichst weitem Abstand voneinander angeordnet. Sie sind tetraedrisch um das Kohlenstoffatom angeordnet (▸**4**). Der H–C–H-Bindungswinkel beträgt deshalb 109° und wird als Tetraederwinkel bezeichnet.

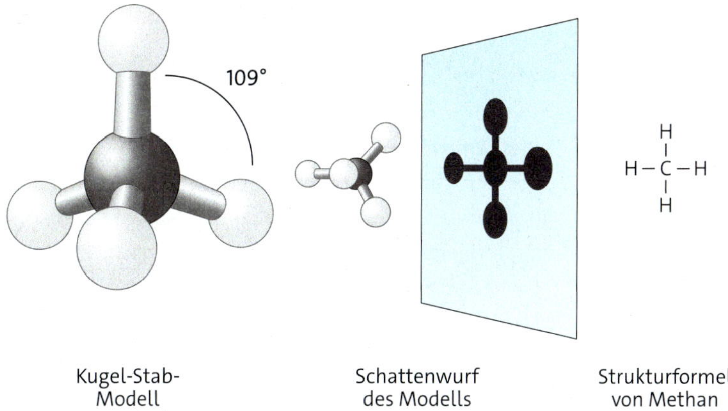

4 Kugel-Stab-Modell des Methanmoleküls: Aus dem Schattenbild ergibt sich die bekannte Strukturformel.

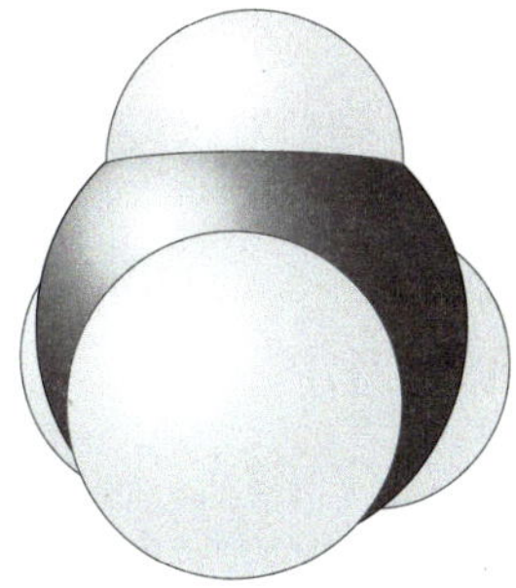

6 Kalottenmodell eines Methanmoleküls

Die Strukturformel stellt die Übertragung des dreidimensionalen Modells auf die zwei Dimensionen des Papiers dar, die sich auch aus dem Schattenbild des Kugel-Stab-Modells ableiten lässt (▸**4**). Jedes gemeinsame Elektronenpaar ist durch einen Strich dargestellt.

Die vier Bindungen im Methanmolekül sind mit größtmöglichem räumlichen Abstand angeordnet, sodass sich als Bindungswinkel der Tetraederwinkel mit 109° ergibt.

Vorkommen und Eigenschaften von Methan Methan entsteht überall dort, wo abgestorbene tierische oder pflanzliche Reste unter Luftabschluss von Bakterien zersetzt werden. Es ist Hauptbestandteil von Erdgas, Biogas, Klär-, Sumpf- und Grubengas (▸**5**).

Reines Methan ist ein farbloses Gas mit einer geringeren Dichte als Luft [ϱ(Luft) $=1{,}2\,\frac{g}{l}$]. Es ist geruchlos, während Erdgas, Biogas und Sumpfgas aufgrund von Begleitstoffen einen typischen Geruch aufweisen. Methan ist in Wasser fast unlöslich und kann daher pneumatisch aufgefangen werden. Es ist brennbar und bildet mit Luft explosive Gemische (▸**7**).

Gasgemisch	Volumenanteil Methan
Erdgas	85–95 %
Biogas	ca. 60 %
Klär-, Faul- und Sumpfgas	bis zu 75 %
Grubengas	80–90 %

5 Methanvorkommen

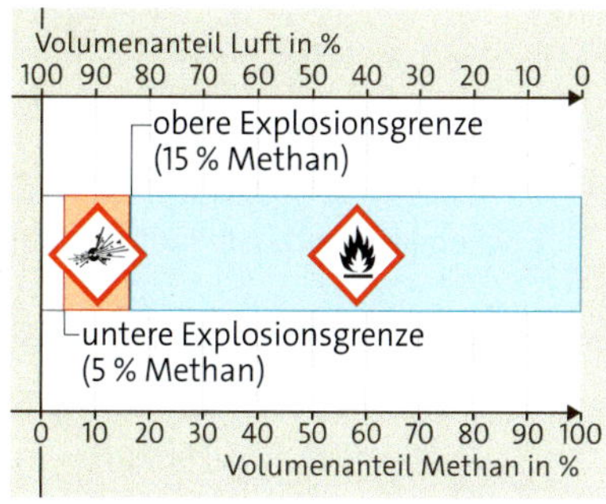

7 Explosionsgrenzen eines Methan-Luft-Gemischs

Exp. 11 **L**

Methan-Luft-Gemisch

Vorsicht! Schutzbrille! Schutzscheibe!
In einem starkwandigen Standzylinder (höchstens 200 ml) wird ein Methan-Luft-Gemisch (GHS 1|2) gezündet.

Aufgaben

1 Erstellen Sie einen Steckbrief von Methan.

2 Recherchieren und erläutern Sie die Sicherheitsbestimmungen beim Umgang mit Erdgas.

3 Ein weiterer Kohlenwasserstoff hat die molare Masse $30\,\frac{g}{mol}$.

a Bestimmen Sie seine Molekülformel.

b Berechnen Sie seine Dichte.

Methanhydrate

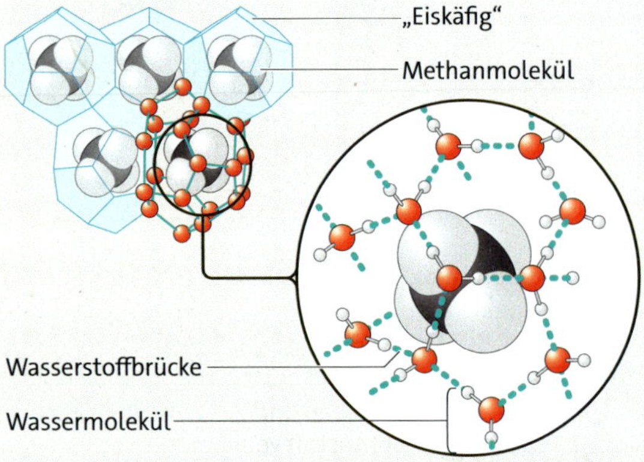

1 Schematische Darstellung der Methanhydratstruktur

Bau von Methanhydraten Bis 1971 hatte noch niemand von Methanhydraten gehört. Sie sind weiße, feste, eisähnliche Verbindungen, die aus Methanmolekülen bestehen, die in die Lücken der Eisstruktur von Wasser eingelagert sind. Dabei umschließen die Wassermoleküle die Methanmoleküle vollständig, sodass man von einer Einlagerungsverbindung (Clathrat) spricht (▸1).

Das farblose „Methaneis“ enthält große Mengen an Methan. Ein Stück Methanhydrat mit dem Volumen 1 dm^3 (1 Liter) kann etwa 168 Liter Methan freisetzen. Hält man ein Streichholz an das zerfallende Stück, so verbrennt das freigesetzte Methan (▸2).

Methanhydrate entstehen am Boden und an den Kontinentalhängen der Ozeane, wo ein hoher Druck und niedrige Temperaturen herrschen. Man schätzt die weltweiten Vorkommen an Methanhydrat auf etwa 10^{13} Tonnen. Darin wäre weit mehr Kohlenstoff gebunden als in sämtlichen Vorräten fossiler Brennstoffe der Erde. Sie gelten damit als größte bekannte, noch ungenutzte fossile Energiereserve der Welt.

2 Brennendes Methanhydrat

Methanhydrate – gefahrlose Energieträger? Der Vorteil der Verwendung von Methan als Energieträger besteht darin, dass es als kohlenstoffarmer Brennstoff zu vergleichsweise geringem Ausstoß an Treibhausgasen und anderen umweltschädlichen Abgasen führt. Der Umgang mit Methanhydraten ist jedoch nicht unproblematisch. Bei der Förderung aus den Ozeanen ändern sich die Druck- und Temperaturverhältnisse so stark, dass eine unkontrollierte Freisetzung von Methan in die Atmosphäre stattfinden kann (▸3). Da Methan ein noch gefährlicheres Treibhausgas als Kohlenstoffdioxid ist, wären die Folgen für das Erdklima verheerend. Doch selbst wenn es gelingen sollte, wirtschaftliche und umweltschonende Fördermethoden zu entwickeln, bleibt die Belastung der Atmosphäre durch die Freisetzung von Kohlenstoffdioxid bei der Verbrennung des Methans.

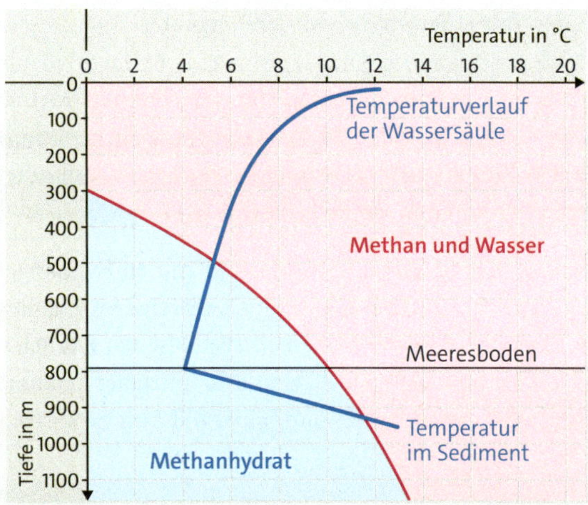

3 Stabilität von Methanhydraten in Abhängigkeit von der Temperatur und der Wassertiefe

Aufgaben

1 Beschreiben Sie den Bau von Methanhydraten.

2 Die globale Erwärmung der Erde führt auch zum Anstieg der Meerestemperaturen. Begründen Sie, weshalb es durch die Erwärmung der Meere zu einer Freisetzung des Methanhydrats kommt und warum man in diesem Zusammenhang von einem sich selbst verstärkenden Prozess spricht.

Homologe Reihe der Alkane

Weitere Alkane Neben Methan gibt es eine große Anzahl weiterer Kohlenwasserstoffe, so die Flüssiggase Propan und Butan oder Paraffine, feste Kohlenwasserstoffe, aus denen z. B. Kerzen, Wachse und Lippenstifte hergestellt werden.
Bei all diesen Kohlenwasserstoffen sind in den Molekülen die benachbarten Kohlenstoffatome durch Einfachbindung (Elektronenpaarbindung) verknüpft. Solche Kohlenwasserstoffe heißen **Alkane**.

Struktur der Moleküle Methan ist das einfachste Alkan mit den kleinsten Molekülen. Andere Alkane besitzen mehrere Kohlenstoffatome und entsprechend viele Wasserstoffatome in ihren Molekülen. Die Kohlenstoffatome in den Molekülen der Alkane bilden Ketten (▸3) – es sind **kettenförmige Kohlenwasserstoffe.**
In den Molekülen der Alkane sind zudem alle Kohlenstoffatome mit der größtmöglichen Anzahl an Wasserstoffatomen verbunden. Dies wird als gesättigt bezeichnet. Alkane gehören zu den **gesättigten Kohlenwasserstoffen.**

Ein Vergleich der Strukturformeln der Alkanmoleküle (▸3) zeigt, dass sich die Moleküle aufeinanderfolgender Glieder jeweils um eine CH_2-Gruppe unterscheiden. Eine solche Reihe wird als **homologe Reihe** (griech. *homologos:* übereinstimmend) bezeichnet.
Wird die Anzahl der Kohlenstoffatome eines Alkans mit *n* bezeichnet, beträgt die Anzahl der Wasserstoffatome desselben Alkans $2n + 2$.
Es gilt die **allgemeine Molekülformel der Alkane:** C_nH_{2n+2}.

Namen der Alkane Die Namen der Alkane werden aus dem Wortstamm und der Endung **-an** gebildet. Vom Wortstamm lässt sich die Anzahl der Kohlenstoffatome im Molekül ableiten (▸2), z. B. Pentan (C_5H_{12}).

Name	Molekülformel	Strukturformel	Molekülmodell
Methan	CH_4	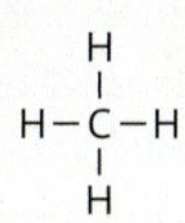	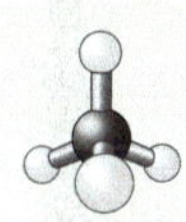
Ethan	C_2H_6	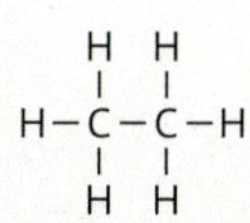	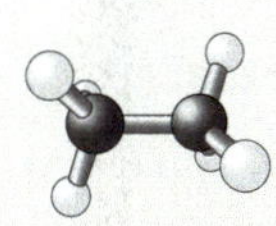
Propan	C_3H_8	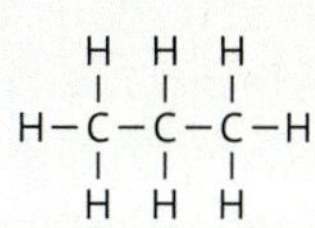	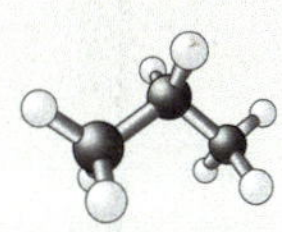
Butan	C_4H_{10}	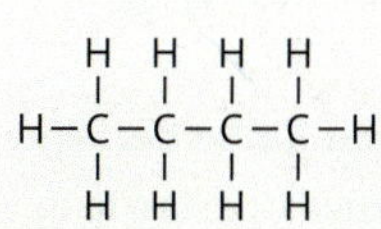	

3 Ersten vier Glieder der homologen Reihe der Alkane

1 Propan und Butan werden auch als Brennstoff verwendet.

Wortstamm	Anzahl der Kohlenstoffatome in der Kette
Meth-	1
Eth-	2
Prop-	3
But-	4
Pent-	5
Hex-	6
Hept-	7
Oct-	8
Non-	9
Dec-	10
Undec-	11
Eicos-	20

2 Wortstämme – wichtig für die Namensbildung von Alkanen und anderen homologen Kohlenwasserstoffen

Aufgaben

1 Begründen Sie die Zuordnung der Alkane zu den gesättigten Kohlenwasserstoffen.

2 Alkane bilden eine homologe Reihe. Begründen Sie diese Aussage. Notieren Sie einen Merksatz.

3 Stellen Sie die Strukturformeln folgender Alkane auf und benennen Sie diese: C_7H_{16}, $C_{10}H_{22}$, C_9H_{20}.

Eigenschaften der Alkane

1 Brennende Alkane: Erdgas, Hexan, Paraffinöl

Noch gewusst?
Feststoffe und Flüssigkeiten brennen nicht. Brennbar ist die Gasphase eines Stoffes im richtigen Mischungsverhältnis mit Sauerstoff bei der entsprechenden Temperatur.

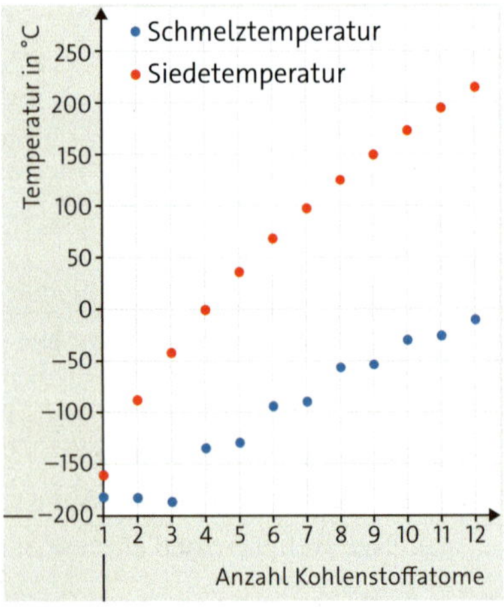

2 Schmelz- und Siedetemperaturen der Alkane

Gemeinsamkeiten der Alkane Allen Alkanen ist gemeinsam, dass sie den elektrischen Strom nicht leiten (▸ Exp. 10, S. 13). Sie sind aus ungeladenen unpolaren Molekülen aufgebaut und enthalten somit keine frei beweglichen Ladungsträger, die eine elektrische Leitfähigkeit bewirken könnten.

Alle Alkane sind brennbar (▸ **1**). Gemische von gasförmigen Alkanen mit Luft sind sogar explosiv. Beim Verbrennen reagieren die Alkane mit Sauerstoff. Chemisch betrachtet handelt es sich hierbei um eine Oxidation.
Bei **vollständiger Verbrennung** entstehen als Reaktionsprodukte Kohlenstoffdioxid und Wasser. Dabei wird Wärme abgegeben.

$C_3H_8\,(g) + 5\,O_2\,(g) \longrightarrow 3\,CO_2\,(g) + 4\,H_2O\,(l)$ | exotherm
$2\,C_6H_{14}\,(l) + 19\,O_2\,(g) \longrightarrow 12\,CO_2\,(g) + 14\,H_2O\,(l)$ | exotherm

Ist nicht genügend Sauerstoff vorhanden, kann es zur **unvollständigen Verbrennung** kommen, wobei neben Wasser das giftige Kohlenstoffmonooxid oder reiner Kohlenstoff in Form von Ruß entsteht.

$2\,C_3H_8\,(g) + 7\,O_2\,(g) \longrightarrow 6\,CO\,(g) + 8\,H_2O\,(l)$ | exotherm
$C_3H_8\,(g) + 2\,O_2\,(g) \longrightarrow 3\,C\,(s) + 4\,H_2O\,(l)$ | exotherm

Bei der Verbrennung verschiedener Alkane an der Luft nimmt mit der Kettenlänge der Alkanmoleküle die Helligkeit der Flamme zu. Hervorgerufen wird das durch hell glühende Rußteilchen in der Flamme.

Viskosität Die verschiedenen flüssigen Alkane unterscheiden sich in ihrer Viskosität (Zähflüssigkeit) sehr stark voneinander (▸ Exp. 9, S. 13): Heptan ist dünnflüssig, während Paraffinöl, ein Gemisch langkettiger Alkane, dickflüssig ist. Daraus folgt: Mit zunehmender Kettenlänge ihrer Moleküle werden die Alkane zähflüssiger.

Schmelztemperatur und Siedetemperatur Mit zunehmender Kettenlänge steigen auch die Schmelz- und Siedetemperaturen der Alkane. So sind die ersten vier Vertreter der Alkane (Methan, Ethan, Propan und Butan) gasförmig, die Alkane von Pentan bis zum Hexadecan sind flüssig und ab dem Heptadecan liegen bei Raumtemperatur alle weiteren Alkane fest vor (▸ **2**; ▸ Exp. 5, S. 13).

Flammpunkt Während gasförmige Alkane wie Methan selbst bei niedrigsten Temperaturen noch entzündbar sind, lässt sich Paraffinöl erst durch Erwärmen entzünden (▸ Exp. 7, S. 13). Mit steigender Kettenlänge steigt auch der Flammpunkt der Alkane, also die Temperatur, bei der sich über dem Stoff ein entzündbares Gasgemisch gebildet hat.

Innerhalb der homologen Reihe der Alkane steigen die Viskosität, Schmelz- und Siedetemperatur sowie der Flammpunkt aufgrund der zunehmenden Kettenlänge ihrer Moleküle.

Name	Molekülformel	Schmelztemperatur in °C	Siedetemperatur in °C	Dichte in $\frac{g}{cm^3}$ bei 25 °C
Methan	CH_4	−182,5	−161,4	0,42*
Ethan	C_2H_6	−183,2	−88,5	0,54*
Propan	C_3H_8	−187,1	−42,1	0,58*
Butan	C_4H_{10}	−135,0	−0,5	0,60*
Pentan	C_5H_{12}	−129,7	36,2	0,63
Hexan	C_6H_{14}	−94,3	68,7	0,66
Heptan	C_7H_{16}	−90,0	98,0	0,68
Octan	C_8H_{18}	−56,5	125,8	0,70
Nonan	C_9H_{20}	−53,7	150,7	0,72
Decan	$C_{10}H_{22}$	−29,7	174,0	0,73
Pentadecan	$C_{15}H_{32}$	10,0	268,0	0,77
Hexadecan	$C_{16}H_{34}$	18,1	280,7	0,77
Heptadecan	$C_{17}H_{36}$	22,0	303,0	0,78
Eicosan	$C_{20}H_{42}$	36,4	345,1	0,79

3 Vergleich der Eigenschaften einiger Alkane (* Dichte am Siedepunkt im flüssigen Zustand)

Noch gewusst?

Die Elektronegativitätsdifferenz zwischen den Wasserstoff- und Kohlenstoffatomen ist mit ΔEN = 0,4 nur gering ausgeprägt. Deshalb sind die C–H-Bindungen in den Alkanmolekülen nur schwach polar.
Aufgrund des tetraedrischen Baus der Moleküle fallen aber die Schwerpunkte der positiven und negativen Teilladungen zusammen, sodass Alkanmoleküle insgesamt unpolar sind.

Zwischenmolekulare Kräfte Die kontinuierlichen Eigenschaftsänderungen innerhalb der homologen Reihe können mit den Wechselwirkungen zwischen den Alkanmolekülen erklärt werden. Alkanmoleküle bilden aufgrund ihres symmetrischen Baus keine Dipole – ihre Mokelüle sind unpolar. Dennoch können sich durch eine kurzzeitige Ungleichverteilung der Elektronen in den Atomhüllen temporäre Dipole bilden. Aus ihnen resultieren zwischenmolekulare Kräfte: die **Van-der-Waals-Kräfte**.

Mit jeder CH_2-Gruppe, um die die Kohlenstoffkette verlängert wird, nehmen die Van-der-Waals-Kräfte zu. Aufgrund der größeren Moleküloberfläche können sich zwischen Undecanmolekülen mehr Van-der-Waals-Kräfte ausbilden als zwischen den kleineren Pentanmolekülen (▸**4**). Zudem wächst nicht nur die Moleküloberfläche mit der Kettenlänge, sondern es vergrößert sich auch die Anzahl der Elektronen in den Alkanmolekülen. Je mehr Elektronen sich in einem Molekül befinden, desto leichter lässt es sich polarisieren und desto stärker ist der temporäre Dipol.

So sind bei langkettigen Alkanmolekülen mit großer Oberfläche und größerer Anzahl an Elektronen die zwischenmolekularen Kräfte so stark, dass sie nur langsam aneinander vorbeigleiten können. Die Alkane liegen als zähflüssige, zum Teil klebrige Flüssigkeiten vor.
Auch die Zunahme der Schmelz- und Siedetemperatur sowie des Flammpunkts innerhalb der homologen Reihe können so erklärt werden. Die Anziehungskräfte bei den höheren Alkanen sind so groß, dass es durch Energiezufuhr eher zur Spaltung der Bindungen kommt als zur Überwindung der Van-der-Waals-Kräfte zwischen den Molekülen. Die Alkane etwa ab Eicosan zersetzen sich deshalb unterhalb der Siedetemperatur (▸Exp. 5, S. 13).

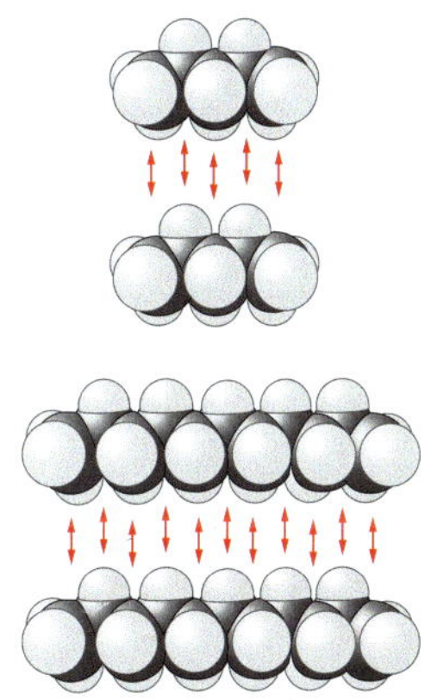

4 Van-der-Waals-Kräfte zwischen Pentan- und Undecanmolekülen

Aufgaben

1 Alkane haben bei Raumtemperatur unterschiedliche Aggregatzustände (▸**3**). Begründen Sie und finden Sie Beispiele.

2 Erklären Sie den Vorgang des Entflammens von Heptan.

Schon gewusst?
Wasser perlt ab und die lackierten Teile an Autos glänzen besonders stark, wenn nach dem Waschen Wachs aufgetragen wird. Die Wachse sind ein Gemisch langkettiger Alkane, die die Oberfläche des Autos versiegeln und vor Feuchtigkeit schützen.

1 Lackpflege mit Wachs

2 Hexan löst sich nicht in Wasser.

Löslichkeit Alkane sind mit Wasser nicht mischbar (▸ Exp. 6, S. 13). Sie sind **hydrophob** (griech. *hydro:* Wasser, *phobos:* Furcht). Das liegt an den unterschiedlichen zwischenmolekularen Kräfte bei den Alkanmolekülen bzw. Wassermolekülen. Wassermoleküle sind Dipole, zwischen denen sich starke Wasserstoffbrücken ausbilden. Zwischen den unpolaren Alkanmolekülen liegen hingegen Van-der-Waals-Kräfte vor. Beim Versuch, die Stoffe z. B. durch Rühren zu mischen, können die Alkanmoleküle nicht die starken Wasserstoffbrücken zwischen den Wassermolekülen unterbrechen. Aus dem Gemisch entstehen schnell wieder zwei Phasen (▸ **2**).

Untereinander lassen sich verschiedene Alkane in jedem Verhältnis mischen, da sich zwischen den verschiedenen Alkanmolekülen Van-der-Waals-Kräfte ausbilden können.
Flüssige Alkane sind im Gegensatz zu Wasser gute Lösungsmittel für Fette, Öle und Lacke (▸ Exp. 8, S. 13). Sie sind **lipophil** (griech. *lipos:* Fett, *philein:* lieben). Ihre Moleküle ähneln in ihrer Struktur den Molekülen der Alkane.

Daraus lässt sich ableiten, dass nur solche Stoffe miteinander mischbar sind, deren Moleküle über ähnliche zwischenmolekulare Kräfte verfügen. Man sagt auch: **Ähnliches löst sich in Ähnlichem.**

Alkane sind in Wasser unlöslich. Sie lösen sich in Fetten, Ölen und untereinander in jedem Verhältnis.

Verhalten gegenüber	Butan 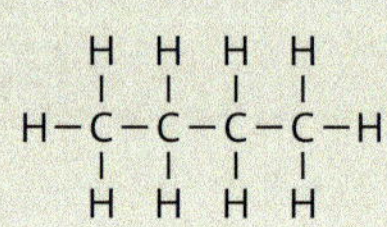	Wasser 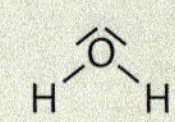
Stoff aus polaren Molekülen, z. B. Ammoniak	wasserfeindlich = hydrophob	wasserfreundlich = hydrophil
Stoff aus unpolaren Molekülen, z. B. Fette, Öle	fettfreundlich = lipophil	fettfeindlich = lipophob

3 Die Polarität der Teilchen von Stoffen hat Einfluss auf ihre Löslichkeit.

Aufgaben

1 Beschreiben Sie die Beobachtungen, die bei der Zugabe von Kochsalz zu Wasser, Kochsalz zu Pentan und Pentan zu Hexan zu erwarten sind.

2 Skizzieren Sie im Teilchenmodell die Grenzfläche zwischen der Hexan- und der Wasserschicht (▸ **2**). Beschriften Sie auch die beiden Phasen.

3 Erläutern Sie, womit ein Ölfleck aus der Kleidung entfernt werden kann.

4 „Ähnliches löst sich in Ähnlichem." Erklären Sie, was dabei mit „ähnlich" in diesem Merksatz gemeint ist.

Gaschromatografie

1 Gaschromatograf (links) und Auswertung mithilfe des Computers

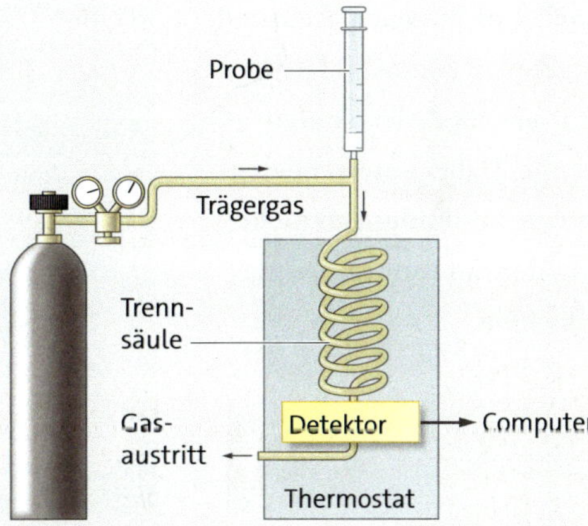

2 Schematische Darstellung des Aufbaus eines Gaschromatografen

Spurensuche In der chemischen Industrie, im Umweltschutz und in der Forschung sind analytische Untersuchungen von besonderer Bedeutung. So dürfen z. B. Arzneimittel oder Nahrungsmittel keine Begleitstoffe enthalten, die gesundheitsgefährdend sind. Für Stoffe mit schädlichen Wirkungen gibt es deshalb gesetzlich festgelegte Höchstmengen, deren Konzentrationen häufig im ppm-Bereich (engl. *parts per million*) liegen. Das bedeutet, dass unter einer Million Teilchen ein Schadstoffteilchen aufzuspüren wäre.

Gaschromatografie Ein wichtiges Verfahren bei der Spurensuche ist die Gaschromatografie. Mit ihr lassen sich gasförmige und leicht verdampfbare Stoffgemische trennen und identifizieren sowie die Struktur von Stoffen aufklären.
Die Trennsäule im Gaschromatografen ist ein bis zu 100 m langes, dünnes Glasrohr (Kapillarrohr), das mit einem porösen Feststoff gefüllt ist, z. B. mit Kieselgel oder Silikonöl. Die Oberfläche des Feststoffs ist mit einem Lösungsmittel bedeckt, in dem sich die Bestandteile des zu untersuchenden Stoffgemischs unterschiedlich gut lösen.
Als Trägergas (mobile Phase) wird meist Helium oder Stickstoff verwendet. Am Ende der Trennsäule kommen zuerst die Bestandteile an, die nur schwach an das Lösungsmittel gebunden wurden. Der Austritt der Stoffe erfolgt also nacheinander und kann mithilfe eines Computers erfasst und grafisch als Gaschromatogramm dargestellt werden.

Info 1

Flüssiggas

Das Feuerzeug ist mit Flüssiggas gefüllt, einem Stoffgemisch, das aus drei Kohlenwasserstoffen besteht, die sich u. a. in ihren Siedetemperaturen unterscheiden. Mithilfe der Gaschromatografie lässt sich dieses leicht verdampfbare Gemisch trennen und identifizieren.

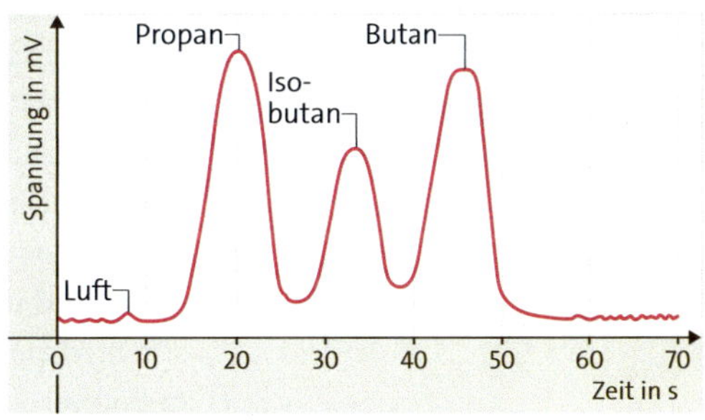

3 Gaschromatogramm von Flüssiggas

Aufgaben

1 Vergleichen Sie die Trennverfahren Papierchromatografie und Gaschromatografie.

2 Erläutern Sie anhand der Struktur von Propan und Butan die Reihenfolge der Stoffe im Gaschromatogramm.

3 Nennen Sie konkrete Anwendungsbereiche der Gaschromatografie. Recherchieren Sie im Internet.

Vielfalt der Alkane

Treibstoff ist nicht gleich Treibstoff. Flugzeugbenzin (Kerosin) ist ein Gemisch verschiedener Kohlenwasserstoffe. Dabei unterscheiden sich manche Verbindungen nicht einmal in der Zusammensetzung ihrer Moleküle.

1 Betankung eines Flugzeugs mit Kerosin

Propan

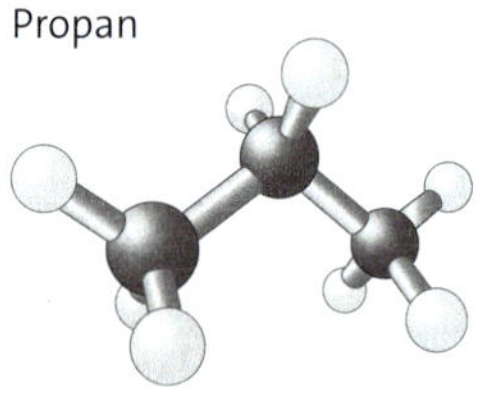

Siedetemperatur: −42,1 °C
Schmelztemperatur: −187,1 °C

2 Molekülmodell von Propan

Butan

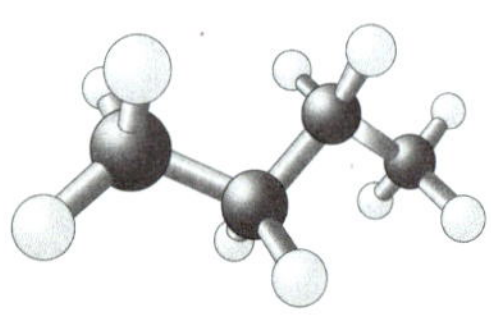

Siedetemperatur: −0,5 °C
Schmelztemperatur: −135 °C

Isobutan

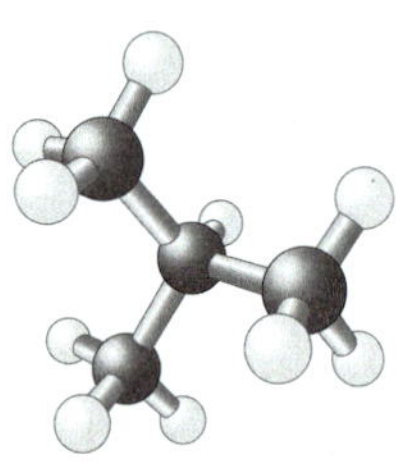

Siedetemperatur: −11,7 °C
Schmelztemperatur: −145 °C

3 Molekülmodelle von Butan und Isobutan (2-Methylpropan)

Gleiche Molekülformel – unterschiedliche Stoffe Die Analyse von Flüssiggas mit der Gaschromatografie ergibt, dass es ein Gemisch aus drei verschiedenen Stoffen ist (► S. 23). Weitere Untersuchungen zeigen, dass es einmal der Kohlenwasserstoff mit der Molekülformel C_3H_8 ist, also Propan (► **2**). Die beiden weiteren Stoffe sind Verbindungen mit der Molekülformel C_4H_{10}. Beide Verbindungen sind also aus vier Kohlenstoffatomen und zehn Wasserstoffatomen aufgebaut.

Verbindet man die vier Kohlenstoffatome zu einer Reihe, so erhält man ein unverzweigtes Molekül – das bekannte Butanmolekül. Allerdings gibt es noch eine Möglichkeit, die Atome zu einer verzweigten Kette zu verknüpfen. Das mittlere Kohlenstoffatom ist darin mit einem weiteren Kohlenstoffatom und einem Wasserstoffatom verknüpft (► **3**).
Beide Verbindungen erfüllen die allgemeine Formel C_nH_{2n+2} und sind somit Alkane. Solche Verbindungen, deren Moleküle bei gleicher Molekülformel eine unterschiedliche Molekülstruktur haben, heißen **Isomere** (griech. *isos:* gleich, *meros:* Teil).

Schon gewusst?

Auch in Kraftstoffen spielen isomere Verbindungen eine wichtige Rolle. Benzin ist ein Stoffgemisch aus Alkanen und Isomeren der Alkane mit fünf bis zwölf Kohlenstoffatomen im Molekül.
Benzin ist aber nicht gleich Benzin. Entscheidend sind bestimmte Zusätze wie Isooctan.

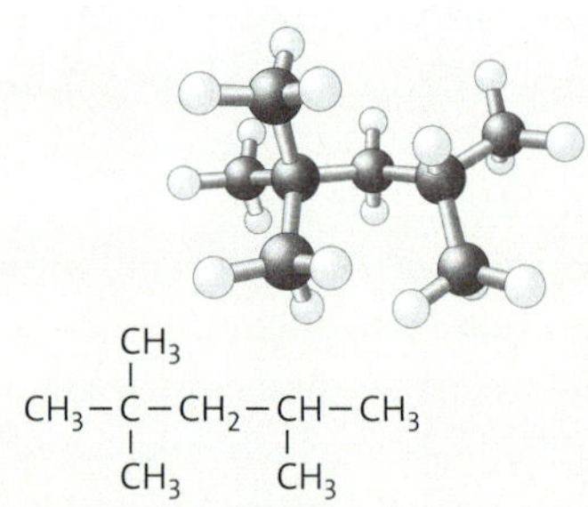

4 Modell und Halbstrukturformel des Isooctanmoleküls

Vielfalt der Isomere Kohlenstoffatome verfügen über die besondere Eigenschaft, untereinander Atombindungen auszubilden. Mit steigender Anzahl an Kohlenstoffatomen können sich so unzählige verschiedene organische Verbindungen bilden (▸**5**). Gibt es beim Butan nur ein weiteres Isomer, sind es beim Pentan drei und beim Decan schon 75 Isomere.

Nomenklatur der Isomere Zur besseren Unterscheidung werden Alkane mit unverzweigten Molekülketten Normalalkane (n-Alkane) genannt. Alkane mit verzweigten Ketten werden als Isoalkane (i-Alkane) zusammengefasst. Die bei verzweigten Molekülen auftretenden Seitenketten heißen Alkylgruppen. Ihr Name wird wie bei den Alkanen gebildet und ergibt sich aus der Anzahl der Kohlenstoffatome. Die Endung -an wird dabei durch die Endung **-yl** ersetzt (▸**6**). Nach den international gültigen Nomenklaturregeln heißt Isobutan deswegen 2-Methylpropan (Methode: Benennen von Alkanen ▸S. 27).

Verschiedene Moleküldarstellungen Auch für verzweigte Moleküle wie 2-Methylpropan kann eine Strukturformel angegeben werden. Aus ihr lassen sich die Bindungsverhältnisse genau erkennen. Die Verwendung von Strukturformeln ist für große und stark verzweigte Moleküle aber unpraktisch.
Übersichtlicher ist die **Halbstrukturformel**. In ihr werden nur die Bindungen zwischen den Kohlenstoffatomen dargestellt. Die Wasserstoffatome werden wie in einer Molekülformel zusammengefasst. Aus der Halbstrukturformel lässt sich der Name einer Verbindung leichter ableiten.
Eine noch stärkere Vereinfachung stellt die **Skelettformel** dar. Die Striche zeigen nur noch die drei Bindungen zwischen den vier Kohlenstoffatomen. Die Symbole der Kohlenstoff- und Wasserstoffatome sowie die Kohlenstoff-Wasserstoff-Bindungen sind weggelassen. Sie ist aber für das ungeübte Auge sehr schwer zu interpretieren (▸**7**).

Verbindungen, deren Moleküle bei gleicher Molekülformel eine unterschiedliche Struktur haben, heißen Isomere.

	n-Butan	2-Methylpropan
Strukturformel	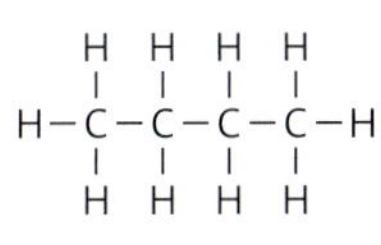	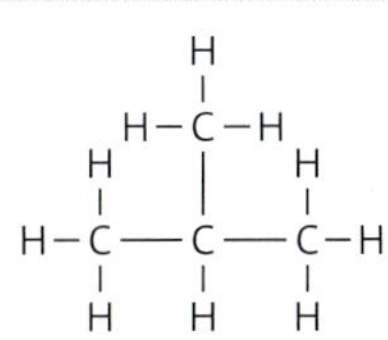
Halbstrukturformel	$CH_3-CH_2-CH_2-CH_3$	$CH_3-CH(CH_3)-CH_3$
Skelettformel	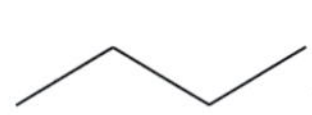	

7 Verschiedene Darstellungen von n-Butan und 2-Methylpropan

Kohlenwasserstoff	Anzahl der Isomere
C_4H_{10}	2
C_5H_{12}	3
C_6H_{14}	5
C_7H_{16}	9
C_8H_{18}	18
C_9H_{20}	35
$C_{10}H_{22}$	75
$C_{20}H_{42}$	366 319
$C_{40}H_{82}$	62 491 178 805 831

5 Isomere bei Alkanen

Name	Formel
Methyl-	CH_3-
Ethyl-	C_2H_5-
Propyl-	C_3H_7-
Butyl-	C_4H_9-
Pentyl-	$C_5H_{11}-$
Alkyl-	R-

6 Namen einiger Alkylgruppen

Aufgaben

1 Nennen Sie Gemeinsamkeiten und Unterschiede bei Isomeren.

2 Begründen Sie, warum es keine Propanisomere geben kann (▸**2**).

3 Notieren Sie die Halbstrukturformeln für die Moleküle aller Isomere des Hexans. Bestimmen Sie ihre Namen.

4 Zeichnen Sie die Strukturformel, die Halbstrukturformel und die Skelettformel von 2,3,3,4-Tetramethylpentan. Vergleichen Sie die Darstellungen miteinander.

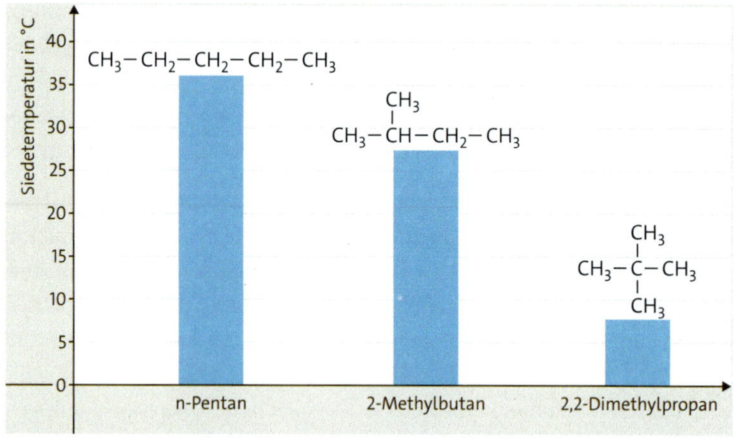

1 Siedetemperaturen isomerer Pentane

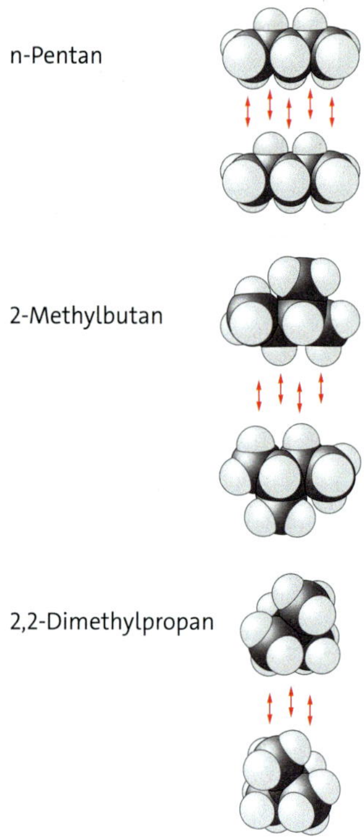

2 Van-der-Waals-Kräfte zwischen den isomeren Pentanmolekülen

Eigenschaften isomerer Kohlenwasserstoffe Trotz gleicher Molekülformel C_5H_{12} und gleicher Anzahl Elektronen im Molekül beobachtet man bei den drei möglichen Isomeren des Pentans unterschiedliche Eigenschaften.
So nimmt die Siedetemperatur der drei Isomere von n-Pentan über 2-Methylbutan zum 2,2-Dimethylpropan ab (▸**1**). Auch bei den beiden Butanisomeren ist diese Tendenz zu beobachten. Das n-Butan siedet bei −0,5 °C, das verzweigte Isobutan (2-Methylpropan) schon bei −11,7 °C.

Wie lassen sich diese Unterschiede erklären? Grundsätzlich müssen zum Sieden die zwischenmolekularen Anziehungskräfte zwischen den Molekülen überwunden werden. Dabei unterscheiden sich die Moleküle von Isomeren in ihrer Struktur. Die kettenförmigen Moleküle von n-Pentan liegen unverzweigt mit stäbchenförmiger Gestalt vor, während die Moleküle von 2-Methylbutan und 2,2-Dimethylpropan mit zunehmender Verzweigung einer Kugel immer ähnlicher werden.

Die Moleküloberfläche des länglichen n-Pentanmoleküls ist daher am größten und zwischen ihnen können sich mehr Van-der-Waals-Kräfte ausbilden. Beim 2-Methylbutanmolekül gibt es durch die kleinere Moleküloberfläche schon weniger Möglichkeiten zur Ausbildung von Van-der-Waals-Kräften. Am geringsten sind die zwischenmolekularen Anziehungskräfte bei kugelförmigen Molekülen wie den Molekülen des 2,2-Dimethylpropans (▸**2**).

Durch die geringer werdenden Van-der-Waals-Kräfte sinken die Siedetemperaturen der Isomere.
Auch bei anderen Eigenschaften wie Schmelztemperatur, Viskosität oder Flammpunkt kann man eine Abhängigkeit von der Molekülstruktur der Isomere beobachten.

Isomere Kohlenwasserstoffe unterscheiden sich in ihren Eigenschaften. Je verzweigter die Moleküle eines Stoffes sind, desto geringer sind die Van-der-Waals-Kräfte zwischen ihnen.

Aufgaben

1 Ordnen Sie n-Hexan und den beiden Hexanisomeren 2-Methylpentan und 2,2-Dimethylbutan folgende Siedetemperaturen zu: 50 °C, 60 °C und 69 °C. Begründen Sie Ihre Entscheidung.

2 Der Flammpunkt von 2-Methylbutan ist geringer als der von n-Pentan. Begründen Sie mithilfe zwischenmolekularer Kräfte.

Benennen von Alkanen

Damit wegen der Vielfalt der organischen Verbindungen der Überblick nicht verloren geht, ist eine eindeutige Benennung der Verbindungen notwendig.
Ihre Namen werden mithilfe der international gültigen Nomenklaturregeln (IUPAC-Regeln: International Union of Pure and Applied Chemistry) aufgestellt.
Für die wissenschaftlich exakte Benennung der Alkane gelten die folgenden IUPAC-Regeln:

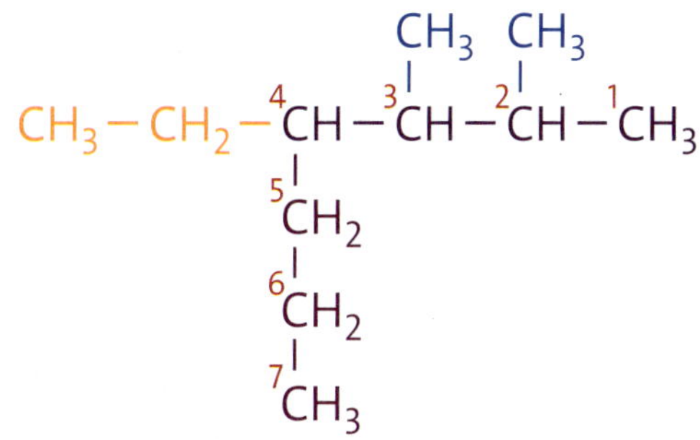

1 Wie wird der Name der Verbindung ermittelt?

1 Ermitteln Sie die längste unverzweigte Kette mit Kohlenstoffatomen (Hauptkette) im Molekül. Zählen Sie die Kohlenstoffatome und benennen Sie dementsprechend die Hauptkette.
Beachten Sie, dass die Hauptkette in der Darstellung der Strukturformel abknicken kann. Gibt es zwei Ketten gleicher Länge, wählen Sie die mit den meisten Verzweigungsstellen.

2 Ermitteln Sie die Verzweigungen (Seitenketten) und benennen Sie diese als Alkylgruppen. Ordnen Sie die Alkylgruppen alphabetisch.

3 Ermitteln Sie die Anzahl der jeweils gleichen Alkylgruppen, benennen Sie diese mit griechischen Zahlwörtern (di-, tri-, tetra...) und stellen Sie diese den entsprechenden Namen der Alkylgruppen voran.

4 Ermitteln Sie die Nummern der Kohlenstoffatome, an denen Seitenketten gebunden sind, und stellen Sie diese Zahlen den Namen der Seitenketten voran.
Die Hauptkette wird so durchnummeriert, dass die Verzweigungsstellen kleinstmögliche Zahlen erhalten.

5 Bilden Sie den Namen.

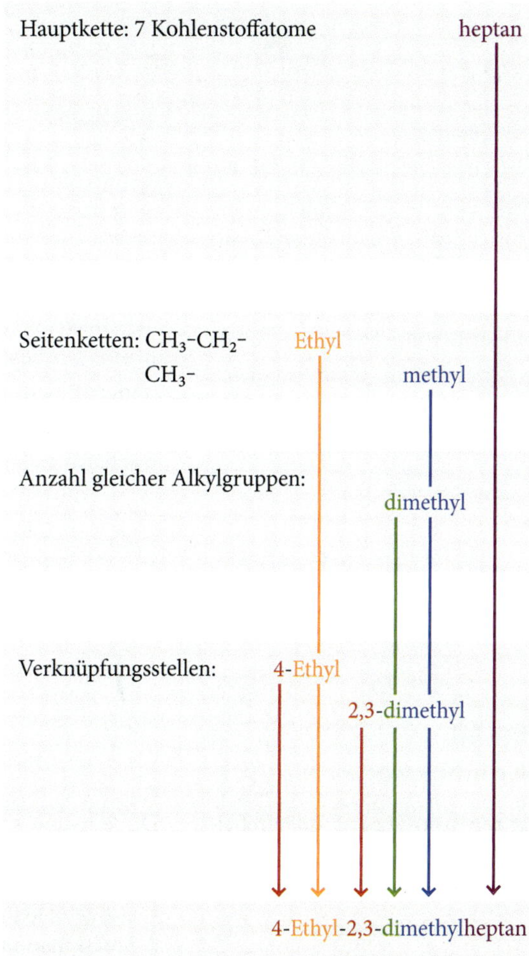

Halogenderivate der Alkane

Alkane reagieren bei Zimmertemperatur nicht spontan mit Halogenen. Erst bei Zufuhr von Wärme oder Einwirkung von energiereichem Licht kommt es zur Reaktion.

1 Reaktion von Heptan mit Brom vor und nach Belichtung

Schon gewusst?
Alkane reagieren nicht mit Säuren, Laugen und unedlen Metallen. Mit starken Oxidationsmitteln wie Kaliumpermanganatlösung reagieren sie nur sehr langsam. Alle Alkane wurden deshalb früher auch als Paraffine (lat. *parum:* wenig, *affinis:* zugeneigt; „wenig reaktionsfähig") bezeichnet.

Substitution Bis auf ihre Brennbarkeit verhalten sich die Alkane gegenüber den meisten Stoffen sehr reaktionsträge. Die sehr reaktionsfreudigen Alkalimetalle Lithium, Natrium und Kalium werden z. B. in Paraffinöl aufbewahrt, damit sie nicht mit dem Sauerstoff der Luft reagieren. Paraffinöl ist ein Gemisch verschiedener flüssiger Alkane wie Heptan. Werden einige Tropfen Brom zu Heptan gegeben, bleibt die braune Farbe des Broms erhalten. Bei Zimmertemperatur reagiert Heptan nicht mit Brom. Wird das Gemisch jedoch intensiv belichtet, verschwindet die Färbung langsam. Heptan und Brom reagieren miteinander. Als Reaktionsprodukte entstehen Bromheptan und das farblose Gas Bromwasserstoff, das feuchtes Indikatorpapier rot färbt (▸**1**; ▸Exp. 12).

$$\text{Heptan (l)} + \text{Brom (g)} \xrightarrow{\text{Licht}} \text{Bromheptan (l)} + \text{Bromwasserstoff (g)}$$
$$C_7H_{16}\,(l) + Br_2\,(g) \xrightarrow{\text{Licht}} C_7H_{15}Br\,(l) + HBr\,(g)$$

Bei dieser Reaktion wird ein Wasserstoffatom des Heptanmoleküls gegen ein Bromatom ausgetauscht (▸**2**). Die Reaktion wird deshalb als **Substitution** (lat. *substituere:* ersetzen, austauschen) bezeichnet. Grundsätzlich kann dabei jedes Wasserstoffatom im Heptanmolekül durch ein Bromatom ersetzt werden. Auch mit anderen Alkan-Brom-Gemischen kommt es bei Einwirkung von Licht zu einer ähnlichen Reaktion. Dabei ersetzen sich in den Molekülen der Ausgangsstoffe jeweils ein Wasserstoffatom und ein Bromatom gegenseitig.

Die Substitution ist eine chemische Reaktion, bei der zwischen den Molekülen der Ausgangsstoffe Atome ausgetauscht werden.

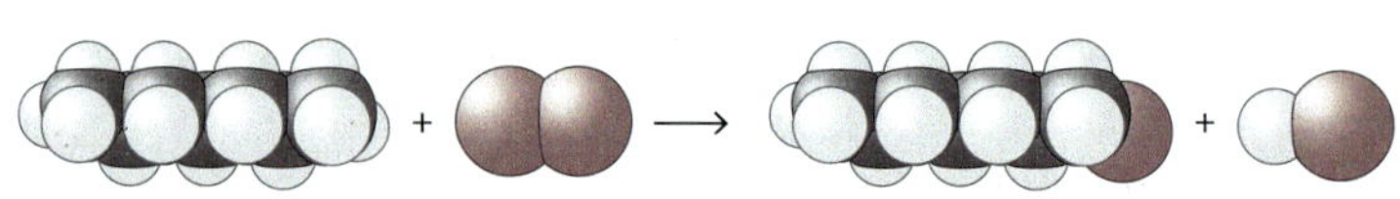

2 Teilchenmodell der Reaktion von Heptan mit Brom

Exp. 12 **L**

Chemische Reaktion von Heptan mit Brom

Vorsicht! Abzug!
Das sich in einem geschlossenen Gefäß befindende braune Gemisch von Heptan (GHS 2|7|8|9) und Brom (GHS 5|6|9) wird intensiv beleuchtet. Nach einiger Zeit wird angefeuchtetes Universalindikatorpapier in das Gefäß gehalten.

Halogenalkane Die durch Substitution gebildeten Stoffe werden als Derivate (lat. *derivare:* ableiten) des Ausgangsstoffs bezeichnet. Chlormethan ist also ein Chlorderivat des Methans. Auch mit anderen Halogenen sind Reaktionen möglich. Jedes Wasserstoffatom eines Alkanmoleküls kann durch ein Halogenatom substituiert werden. Es gibt deshalb eine Vielzahl von Halogenderivaten der Alkane, die kurz **Halogenalkane** genannt werden.

Eigenschaften Halogenalkane unterscheiden sich in ihren Eigenschaften von den Alkanen, aus denen sie entstanden sind. So haben sie höhere Schmelz- und Siedetemperaturen. Die meisten Halogenalkanmoleküle sind schwach polar, d. h., zwischen ihnen können sich stärkere Dipol-Dipol-Kräfte ausbilden als bei denen der Alkane.

Halogenalkane sind miteinander und in Alkanen löslich. Sie sind gute Lösungsmittel für Fette. Viele Halogenalkane sind sehr giftig und vermutlich auch krebserregend. Außerdem zerstören sie die schützende Ozonschicht.

Reaktionsmechanismus der Substitution Das Nachvollziehen des Ablaufs von einzelnen Reaktionsschritten bei einer chemischen Reaktion nennt man **Reaktionsmechanismus.**
Am Beispiel der Bildung von Chlormethan soll der Reaktionsmechanismus der Substitution verdeutlicht werden: Wird ein Gemisch von Methan und Chlor mit Licht bestrahlt, findet eine explosionsartige Reaktion statt. Es entstehen Chlormethan und das farblose Gas Chlorwasserstoff. Bei der Reaktion wird ein Wasserstoffatom im Methanmolekül gegen ein Chloratom eines Chlormoleküls substituiert. Dabei verläuft die Reaktion über sogenannte **Radikale**. Sie entstehen aus Molekülen durch Spaltung einer Elektronenpaarbindung und sind sehr reaktiv.

Startreaktion Im ersten Schritt wird durch die Belichtung das bindende Elektronenpaar im Chlormolekül gespalten. Es entstehen zwei Chloratome. Da sie jeweils ein ungepaartes Elektron haben, sind es Radikale.

Kettenreaktionen Aufgrund der ungepaarten Elektronen sind die Chlorradikale sehr reaktiv und kurzlebig. Als Nächstes kann das Chlorradikal mit einem Methanmolekül reagieren, wobei ein Methylradikal und ein Chlorwasserstoffmolekül entstehen. Das Methylradikal kann mit einem Chlormolekül zu einem Chlormethanmolekül weiterreagieren. Dabei entsteht wieder ein Chlorradikal, das mit einem weiteren Methanmolekül reagieren kann. Diese beiden Schritte können sich oft wiederholen, weswegen man von Kettenreaktionen spricht.

Abbruchreaktionen Durch die Reaktion zweier Radikale kann die Reaktion gestoppt werden. Es bilden sich Moleküle, die nicht weiterreagieren. Aus den ungepaarten Elektronen zweier Radikale entsteht wieder eine Elektronenpaarbindung (▸**4**).

Alkane reagieren mit Halogenen in einer radikalischen Substitution zu Halogenalkanen und Halogenwasserstoff.

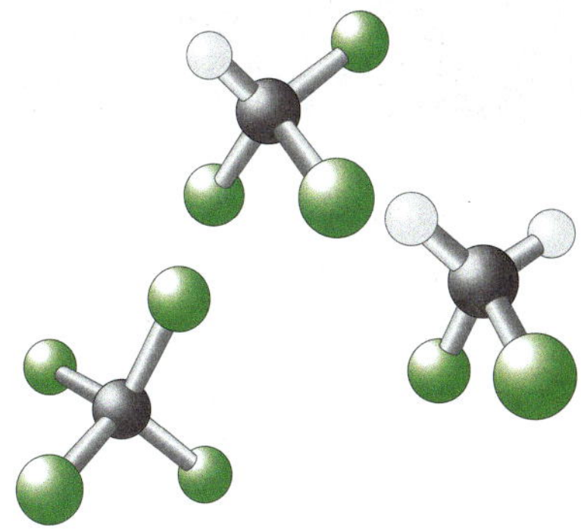

3 Modelle der Chlorderivate von Methan

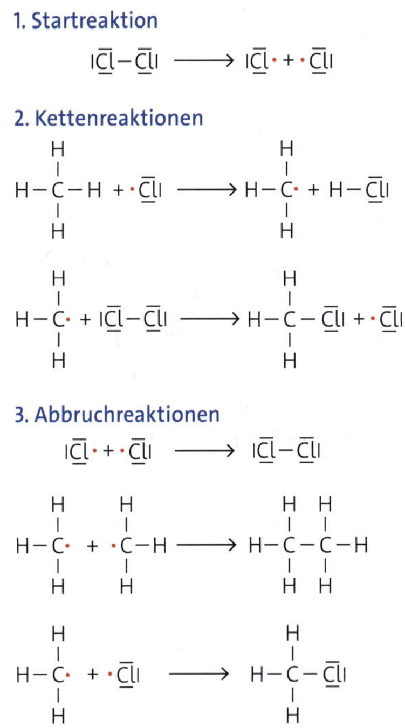

4 Reaktionsmechanismus der radikalischen Substitution

Aufgaben

1 Formulieren Sie den Reaktionsmechanismus für die Bildung von Chlorethan.

2 Entwickeln Sie die Strukturformeln für die Chlorderivate Dichlormethan, Trichlormethan und Tetrachlormethan.

3 Recherchieren Sie Verwendungsmöglichkeiten für Halogenalkane.

Ethen und Ethin – ungesättigte Kohlenwasserstoffe

Ethen – ein Kohlenwasserstoff – wird in der Natur z. B. von reifendem Obst abgegeben und beschleunigt die weitere Fruchtreifung. In speziellen Lagerhallen werden deshalb unreife Früchte in einem Ethen-Luft-Gemisch vor dem Verkauf zur Reifung gebracht.

1 Grüne Bananen werden mit Ethen zur Reifung gebracht.

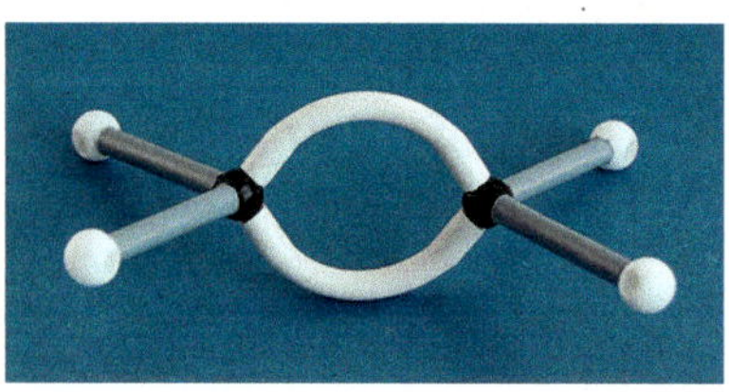

2 An diesem Steckmodell eines Ethenmoleküls sieht man, dass alle Atome in einer Ebene liegen.

Eigenschaften und Verwendung von Ethen Ethen ist bei Raumtemperatur ein farbloses, leicht süßlich riechendes Gas. In Wasser ist es fast unlöslich. Schmelz- und Siedetemperatur von Ethen sind ähnlich denen von Ethan. Ethen brennt an der Luft mit leuchtender, schwach rußender Flamme. In reinem Sauerstoff verbrennt es vollständig. Ethen-Luft-Gemische sind explosiv.
Ethen wird vor allem zur Herstellung von Kunststoffen, Lösungsmitteln, Lacken, Klebstoffen, Farbstoffen und Medikamenten verwendet.

Bau des Ethenmoleküls Ethen ist wie Ethan ein Kohlenwasserstoff mit zwei Kohlenstoffatomen im Molekül. Das Ethenmolekül enthält aber zwei Wasserstoffatome weniger als das Ethanmolekül. Es hat somit die Molekülformel C_2H_4.
Da das Kohlenstoffatom vier Bindungen eingeht, wird der Zusammenhalt der beiden Kohlenstoffatome im Ethen durch zwei gemeinsame Elektronenpaare bewirkt. Im Ethenmolekül liegt zwischen den beiden Kohlenstoffatomen eine **Doppelbindung** vor. Alle Atome des Ethenmoleküls liegen in einer Ebene und alle Bindungswinkel betragen 120° (▸**2, 3**).

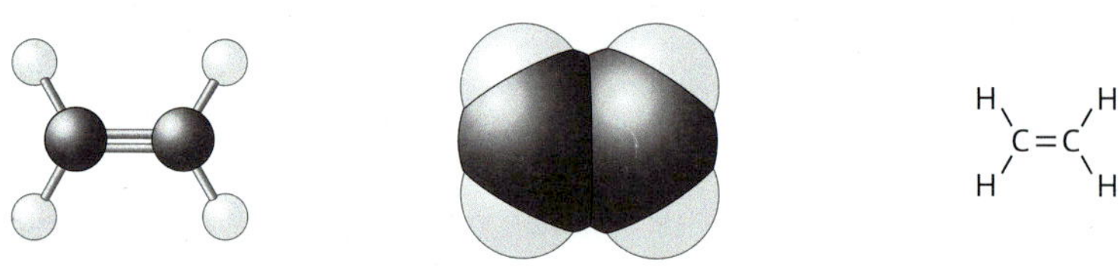

3 Modelle und Strukturformel des Ethenmoleküls

Name	Strukturformel
Propen	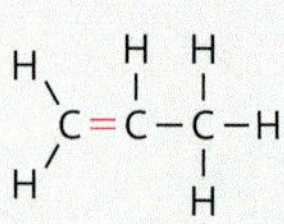
But-1-en	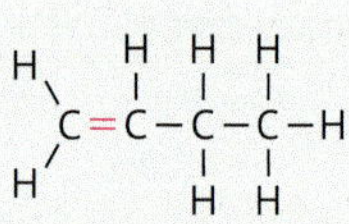
Pent-1-en	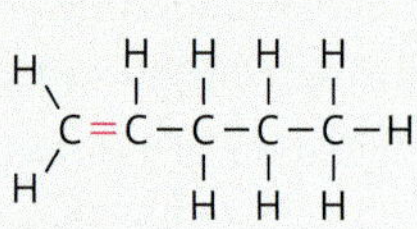

4 Homologe Reihe der Alkene (Ausschnitt)

Kettenförmige Kohlenwasserstoffe, deren Moleküle wie Ethen eine Doppelbindung zwischen zwei Kohlenstoffatomen aufweisen, gehören zur Stoffklasse der **Alkene**. Sie bilden wie die Alkane eine homologe Reihe (▸**4**). Ihre allgemeine Molekülformel lautet: C_nH_{2n}.

Alkene Ethen ist das erste Glied der homologen Reihe der Alkene. Die Alkene gehören zu den **ungesättigten Kohlenwasserstoffen**, da ihre Moleküle weniger Wasserstoffatome enthalten, als sie aufgrund der möglichen Anzahl an Elektronenpaarbindungen binden könnten (▸ **4**).
Die **Namen der Alkene** werden ähnlich wie die der Alkane gebildet. An die Stelle der Endsilbe -an bei den Alkanen tritt die Endsilbe **-en**, z. B. Ethen und Propen.
Bei den Alkenen mit vier oder mehr Kohlenstoffatomen im Molekül kann sich die Doppelbindung an verschiedenen Stellen des Moleküls befinden. Die Stellung der Doppelbindung wird deshalb durch eine Ziffer vor der Silbe -en angegeben. Es sind isomere Verbindungen (▸ S. 24).

But-1-en	$^{1}CH_2{=}^{2}CH{-}^{3}CH_2{-}^{4}CH_3$	**But-2-en**	$^{1}CH_3{-}^{2}CH{=}^{3}CH{-}^{4}CH_3$

5 Benennung der Alkene

> **Alkene sind ungesättigte Kohlenwasserstoffe, deren Moleküle eine Doppelbindung enthalten.**

Nachweis der Doppelbindung Alkene sind reaktionsfähiger als Alkane. Das zeigt sich z. B. bei der Reaktion mit Brom. Wenn Bromdampf mit Ethen gemischt wird, verschwindet die Farbe des Broms sehr schnell. Die beiden Gase bilden ein farbloses Reaktionsprodukt, das 1,2-Dibromethan. Auch beim Einleiten von Ethen in Bromwasser verschwindet die braune Färbung des Broms nach kurzer Zeit (▸ Exp. 13).

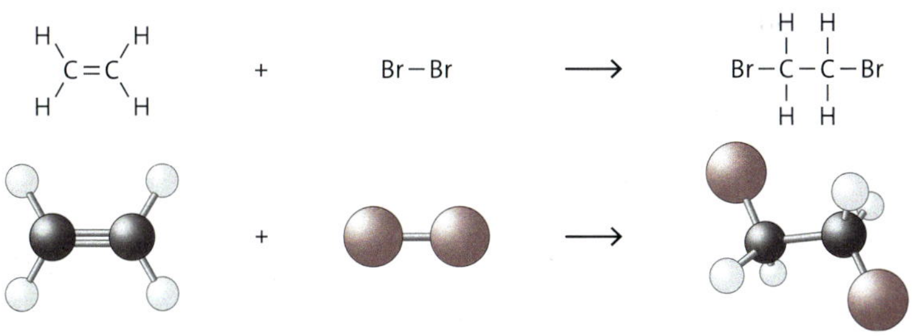

7 Reaktionsgleichung und Teilchenmodell der Reaktion von Ethen mit Brom

Bei dieser Reaktion lagert sich das Brommolekül an die Kohlenstoffatome der Doppelbindung an. Ein Elektronenpaar der Doppelbindung wird gespalten und es bilden sich Einfachbindungen zu den Bromatomen aus. Gleichzeitig wird auch die Einfachbindung im Brommolekül getrennt. Jedes Kohlenstoffatom im Ethenmolekül hat nun ein Bromatom gebunden (▸ **7**). Allgemein wird die Anlagerung von Atomen oder Atomgruppen an Moleküle mit Doppelbindungen als **Addition** bezeichnet.
Das Entfärben von Bromwasser gelingt mit allen ungesättigten Kohlenwasserstoffen und dient deshalb als **Nachweisreaktion** (▸ Exp. 13).

> **Die Addition ist eine chemische Reaktion, bei der sich jeweils zwei Moleküle der Ausgangsstoffe zu einem Molekül des Reaktionsprodukts verbinden.**

Exp. 13 **L**

Reaktion von Ethen und Petroleumbenzin mit Bromwasser

Vorsicht! Abzug!
A: Ethen (GHS 2|7) wird mit 3%igem Bromwasser (GHS 5|7) versetzt und geschüttelt.
B: Zehn Tropfen Petroleumbenzin (GHS 2|7|8|9) werden mit drei Tropfen 3%igem Bromwasser versetzt und geschüttelt.

6 Reaktion von Ethen mit Brom

Aufgaben

1 Erstellen Sie einen Steckbrief von Ethen.

2 Entwickeln Sie die Reaktionsgleichung für die vollständige Verbrennung von Ethen.

3 Vergleichen Sie den Bau der Moleküle von Ethan und Ethen. Stellen Sie dazu die Strukturformeln auf.

4 Bilden Sie die Namen der folgenden Alkene:
a $CH_3{-}CH{=}CH{-}CH_2{-}CH_3$
b $CH_3{-}CH_2{-}CH{=}CH{-}CH_2{-}CH_3$

5 Propen reagiert mit Brom. Erläutern und kennzeichnen Sie diese chemische Reaktion. Stellen Sie die Reaktionsgleichung auf.

Ethin (Acetylen)
Farbe: farblos
Geruch: fast geruchlos
Sublimationstemperatur: –84,0 °C
Dichte: 1,17 $\frac{g}{l}$ bei 25 °C
Weitere Eigenschaften: brennbar, in Gemischen mit Luft explosiv, wenig wasserlöslich
Verwendung: Brenngas zum Gasschweißen und Brennschneiden, Ausgangsstoff für die Herstellung von Kunststoffen, Synthesekautschuk und Kunstfasern

1 Steckbrief von Ethin

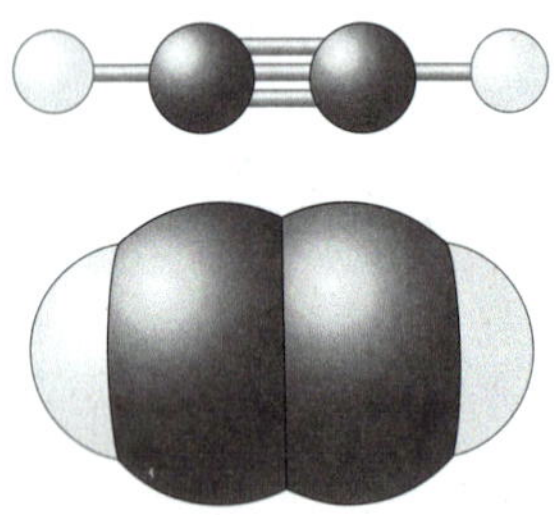

H–C≡C–H

2 Modelle und Strukturformel des Ethinmoleküls

Aufgaben

1 Entwickeln Sie die Reaktionsgleichung für die Dehydrierung von Butan. Stellen Sie die Strukturformel(n) der möglichen Reaktionsprodukte auf und benennen Sie diese.

2 Geben Sie die Strukturformeln von Pent-1-in und Pent-2-in an.

3 Erläutern Sie an einem Beispiel den Nachweis von ungesättigten Kohlenwasserstoffen.

Weitere Additionsreaktionen Neben den Halogenen können auch noch andere Verbindungen an Alkene addieren, z. B. Wasserstoff, Wasser oder Ammoniak.
Die Addition von Wasserstoff heißt **Hydrierung**. Durch Hydrierung kann aus einem ungesättigten Kohlenwasserstoff ein gesättigter Kohlenwasserstoff entstehen. Additionsreaktionen sind umkehrbar. Mithilfe von Katalysatoren können Wasserstoffatome aus Molekülen von gesättigten Kohlenwasserstoffen auch wieder abgespalten werden. Diese Umkehrung der Hydrierung wird als **Dehydrierung** bezeichnet. Allgemein werden Reaktionen, bei denen aus jeweils einem Molekül des Ausgangsstoffs mindestens zwei Atome oder Atomgruppen abgespalten werden, als **Eliminierungen** bezeichnet.

$$CH_2{=}CH_2\,(g) + H_2\,(g) \underset{\text{Dehydrierung}}{\overset{\text{Hydrierung}}{\rightleftarrows}} CH_3{-}CH_3\,(g)$$

Ethen — Wasserstoff — Ethan

Ethin – ein Alkin Ethin, auch als Acetylen bezeichnet, ist ein farbloses, in reiner Form fast geruchloses Gas. Gemische mit Luft, die zwischen 2,3 % und 82 % Ethin enthalten, sind explosiv.
Ethin brennt an der Luft mit hell leuchtender und stark rußender Flamme. Die starke Rußentwicklung bei der Verbrennung deutet auf einen geringen Wasserstoffanteil im Vergleich zu einem Ethan- oder Ethenmolekül hin. Tatsächlich enthält das Ethinmolekül nur zwei Wasserstoffatome. Ethin hat die Molekülformel C_2H_2. Der Zusammenhalt der beiden Kohlenstoffatome wird durch drei gemeinsame Elektronenpaare bewirkt. Im Ethinmolekül liegt zwischen den beiden Kohlenstoffatomen eine **Dreifachbindung** vor (▸ **2**).

Ethin ist der einfachste Kohlenwasserstoff mit einer Dreifachbindung zwischen den Kohlenstoffatomen. Kettenförmige Kohlenwasserstoffe, deren Moleküle wie Ethin eine Dreifachbindung zwischen zwei Kohlenstoffatomen aufweisen, werden zu der Stoffklasse der **Alkine** zusammengefasst. Alkine sind wie die Alkene ungesättigte Kohlenwasserstoffe und bilden eine homologe Reihe. Ihre allgemeine Molekülformel ist $\mathbf{C_nH_{2n-2}}$.
Die Namen der Alkine setzen sich aus dem Wortstamm und der Endsilbe **-in** zusammen. Bei Alkinen mit vier oder mehr Kohlenstoffatomen im Molekül muss die Stellung der Dreifachbindung im systematischen Namen mit angegeben werden.

$HC{\equiv}CH$	$HC{\equiv}C{-}CH_3$	$HC{\equiv}C{-}CH_2{-}CH_3$
Ethin	Propin	But-1-in

Wie beim ungesättigten Kohlenwasserstoff Ethen reagiert auch Ethin mit Brom in einer Additionsreaktion. Diese Reaktion kann zum Nachweis der Mehrfachbindung genutzt werden.

Ethin ist ein farbloses Gas, das mit stark rußender Flamme brennt. Es ist ein ungesättigter Kohlenwasserstoff, dessen Moleküle eine Dreifachbindung enthalten.

Polyethen – ein Kunststoff

1 Verschiedene Kunststoffverpackungen und -produkte aus Polyethen

3 Plastikmüll in den Meeren gefährdet Vögel und Meeresbewohner.

Polyethen Verpackungen von Joghurt und Reinigungsmitteln, Küchenutensilien, Getränkekästen, Mülltonnen und Kinderspielzeuge – das alles besteht aus Kunststoffen. Der weltweit am meisten hergestellte Kunststoff ist dabei Polyethen (PE).

Herstellung und Eigenschaften von Polyethen PE wird aus dem Stoff Ethen hergestellt. Unter dem Einfluss von Licht, Wärme und einem geeigneten Katalysator entsteht aus bis zu 100 000 Ethenmolekülen ein einziges Polyethenmolekül (griech. *poly:* viel).

Je nach Wahl der Reaktionsbedingungen entsteht Polyethen mit unterschiedlichen Eigenschaften: **LDPE** (Low-density Polyethene) mit einer geringeren Dichte von $0{,}93\,\frac{g}{cm^3}$ und **HDPE** (High-density Polyethene, $\varrho = 0{,}94–0{,}97\,\frac{g}{cm^3}$) unterscheiden sich u.a. in ihrem Schmelzpunkt, ihrer Festigkeit und Elastizität.

2 Plastiktüte aus LDPE

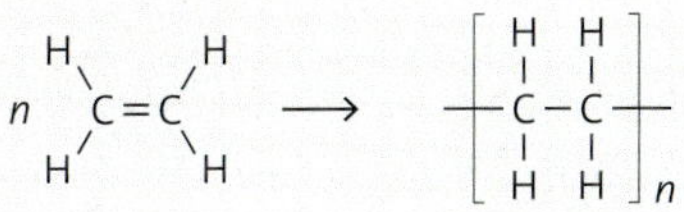

Kunststoffabfälle Kunststoffe wie Polyethen sind sehr beständig gegenüber Wasser, Säuren, Laugen und vielen organischen Lösungsmitteln. Kunststoffabfälle bauen sich deshalb nur sehr langsam über mehrere Hundert Jahre ab.

Plastikmüll, der in die Meere gelangt, verschmutzt nicht nur die Umwelt, sondern ist auch für Vögel und Meerestiere sehr gefährlich. Durch die ständige Bewegung werden die Abfälle zu winzigen Partikeln zerrieben. Die unverdaulichen Kunststoffteile werden mit Nahrung verwechselt und verstopfen mit der Zeit die Mägen der Tiere.

Tiere verenden aber auch in Folien und Netzen, aus denen sie sich nicht mehr befreien können.

In Deutschland werden Kunststoffabfälle recycelt (wiederverwertet). Der Kunststoff wird entweder zu neuen Produkten verarbeitet oder als Brennstoff in Müllverbrennungsanlagen energetisch verwertet.

4 Kennzeichnung von verschiedenen Polyethen-Kunststoffen erleichtern das Recycling.

Aufgabe

1 Recherchieren Sie über verschiedene Verfahren und Kennzahlen des Kunststoffrecyclings in Deutschland. Präsentieren Sie Ihre Ergebnisse.

Kohlenwasserstoffe

Kohlenwasserstoffe
organische Verbindungen, die nur die Elemente Kohlenstoff und Wasserstoff enthalten

Alkane
Kohlenwasserstoffe, deren Moleküle nur aus Kohlenstoff- und Wasserstoffatomen bestehen und deren Atome nur durch Einfachbindungen miteinander verbunden sind, z. B. Methan:

CH_4

Molekülformel

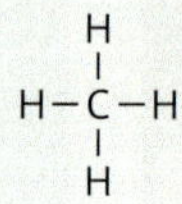

Strukturformel

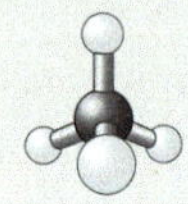

Molekülmodell

Homologe Reihe
Reihe chemisch ähnlicher Verbindungen, bei der sich die Moleküle von zwei aufeinanderfolgenden Verbindungen jeweils durch eine CH_2-Gruppe unterscheiden

Isomere
Verbindungen, deren Moleküle bei gleicher Molekülformel eine unterschiedliche Struktur haben, z. B. C_4H_{10} kann Butan oder 2-Methylpropan sein

Einteilung der Kohlenwasserstoffe
Die Einteilung der Kohlenwasserstoffe erfolgt nach der Struktur ihrer Moleküle.

	Kettenförmige Kohlenwasserstoffe		
	Gesättigte Kohlenwasserstoffe	Ungesättigte Kohlenwasserstoffe	
Molekülformel	Alkane C_nH_{2n+2}	Alkene C_nH_{2n}	Alkine C_nH_{2n-2}

Verbrennung von Alkanen
Alle Alkane sind brennbar. Bei vollständiger Verbrennung mit Sauerstoff entstehen als Reaktionsprodukte Kohlenstoffdioxid und Wasser.

$2\,C_2H_6\,(g) + 7\,O_2\,(g) \longrightarrow 4\,CO_2\,(g) + 6\,H_2O\,(l)$

Bei unvollständiger Verbrennung bildet sich neben Wasser Kohlenstoffmonooxid oder reiner Kohlenstoff (Ruß).

$2\,C_6H_{14}\,(l) + 13\,O_2\,(g) \longrightarrow 12\,CO\,(g) + 14\,H_2O\,(l)$

$2\,C_6H_{14}\,(l) + 7\,O_2\,(g) \longrightarrow 12\,C\,(s) + 14\,H_2O\,(l)$

Substitution
Austausch von Atomen oder Atomgruppen zwischen den Molekülen der Ausgangsstoffe

$CH_4\,(g) + Cl_2\,(g) \longrightarrow CH_3Cl\,(g) + HCl\,(g)$

Nachweis der Doppelbindung
Die Entfärbung von Bromwasser dient als Nachweis für ungesättigte Kohlenwasserstoffe.

Aufgaben

1 Spiritus ist eine organische Verbindung.
- **a** Benennen Sie das Element, das am Aufbau aller organischen Verbindungen beteiligt ist.
- **b** Begründen Sie, warum es wesentlich mehr organische als anorganische Verbindungen gibt.

2 Methan ist der einfachste Kohlenwasserstoff.
- **a** Nennen Sie mindestens drei Vorkommen und die Bedeutung von Methan.
- **b** Entwickeln Sie einen Steckbrief von Methan.
- **c** Beschreiben Sie den Bau des Methanmoleküls anhand der Strukturformel.

3 Alkane bilden eine homologe Reihe.
- **a** Erläutern Sie den Begriff „homologe Reihe".
- **b** Stellen Sie die Strukturformeln folgender Alkane auf und benennen Sie diese: C_7H_{16}, $C_{10}H_{22}$, C_5H_{12}.
- **c** Notieren Sie die Molekülformeln von Alkanen mit 11, 19 und 24 Kohlenstoffatomen. Leiten Sie für diese Alkane aufgrund ihrer Stellung in der homologen Reihe gemeinsame und unterschiedliche Eigenschaften ab.

4 2,2-Dimethylbutan und 2,3-Dimethylbutan sind Isomere. Begründen Sie diese Aussage. Entwickeln Sie die Strukturformeln.

5 Bei der vollständigen Verbrennung von Pentan entstehen Kohlenstoffdioxid und Wasser. Stellen Sie die Reaktionsgleichung auf.

6 Die Siedetemperatur von n-Butan beträgt −0,5 °C. Die von 2-Methylpropan beträgt −11,7 °C.
- **a** Entwickeln Sie die Strukturformel beider Moleküle und entscheiden Sie, ob es sich bei den Verbindungen um Isomere handelt.
- **b** Geben Sie an, welche Verbindung die höhere Siedetemperatur hat.
- **c** Beschreiben Sie mithilfe zwischenmolekularer Kräfte den Zusammenhalt der Moleküle von n-Butan und erklären Sie den Unterschied in den Siedetemperaturen beider Verbindungen.
- **d** Erläutern Sie, warum Campingkocher, die mit Gaskartuschen betrieben werden, im Winter vor Benutzung angewärmt werden müssen.

7 Überlegen Sie, wie Sie experimentell prüfen könnten, ob im Benzin ungesättigte Kohlenwasserstoffe enthalten sind.

8 Nennen Sie Unterschiede zwischen gesättigten und ungesättigten Kohlenwasserstoffen. Ordnen Sie die Stoffe zu: 2-Methylbutan, Hept-2-in, n-Hexan, Pent-1-en, Octadec-3-en, 2,3-Dimethylnonan.

9 Erläutern Sie die Reaktionen Hydrierung und Dehydrierung an einem selbst gewählten Beispiel.

10 Ethan, Ethen und Ethin sind einfache Kohlenwasserstoffe.
- **a** Vergleichen Sie die Stoffe hinsichtlich struktureller Merkmale in ihren Molekülen.
- **b** Formulieren Sie jeweils die Reaktionsgleichung für die vollständige Verbrennung.

11 Überlegen Sie, welche Reaktionsprodukte bei der Dehydrierung von Ethen entstehen müssten. Geben Sie die Molekülformeln und Namen an.

12 Nennen Sie drei Beispiele für Halogenalkane. Entwickeln Sie die Strukturformeln dieser Stoffe.

13 Propan reagiert mit Brom.
- **a** Entwickeln Sie die Reaktionsgleichung.
- **b** Benennen Sie die Reaktionsprodukte.
- **c** Ordnen Sie die Reaktion einer Reaktionsart zu.
- **d** Erläutern Sie den Reaktionsmechanismus dieser Reaktion.

Hilfe zu den Aufgaben finden Sie auf den Seiten ...

1	14 f.	8	19, 27, 30–32
2	16 f.	9	32
3	19	10	19, 30, 32
4	24 f.	11	32
5	20	12	29
6	21, 26	13	28 f.
7	31		

▶ Die Lösungen finden Sie im Anhang.

Material A: Reinigen ohne Wasser

Wer kennt das nicht? Der Fleck auf dem Kleidungsstück ist auch nach der Wäsche in der Waschmaschine noch nicht weg.
Für solch hartnäckige Flecke gibt es im Handel als speziellen Fleckentferner Waschbenzin. Dabei handelt es sich um ein Gemisch flüssiger Kohlenwasserstoffe, zumeist Alkane, mit denen der Fleck auf dem trockenen Kleidungsstück direkt behandelt und rückstandslos entfernt werden kann.

A1 Fleckiges T-Shirt – sieht auch nach dem Waschen nicht viel sauberer aus.

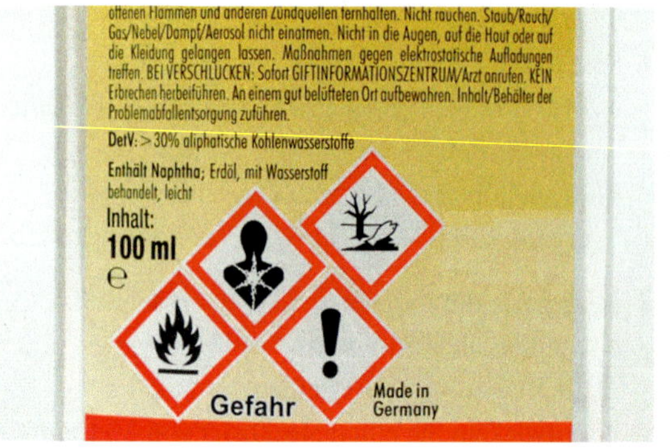

A2 Etikett von Waschbenzin

1 a Nennen Sie ein Alkan, das im Waschbenzin enthalten sein könnte (► **A1**).

b Zeigen Sie an dem von Ihnen gewählten Beispiel, was man unter Isomerie versteht.

2 Nennen Sie mindestens drei Stoffe, die durch Waschbenzin entfernt werden können. Begründen Sie, worauf das zurückzuführen ist (► **A1**).

3 Formulieren Sie eine Regel für die Löslichkeit der Stoffe, die auch bei der Fleckentfernung Anwendung findet.

4 Begründen Sie die Warnhinweise auf Etiketten von Waschbenzin (► **A2**).

Material B: Gesucht – gasförmiger Kohlenwasserstoff

molare Masse		Stoffmenge		molares Volumen
$M = \frac{m}{n}$	⟵	n	⟶	$V_m = \frac{V}{n}$

B1 Beziehung zwischen Stoffmenge, Masse und Volumen in der Chemie

Als Bestandteil von Autogas oder in Brenngasflaschen für den Grill wird dieser Kohlenwasserstoff hauptsächlich zur Energiegewinnung verwendet. Bei der Verbrennung von 5,6 l dieses Gases entstehen 22,5 g Wasser und 22,4 l Kohlenstoffdioxid.

1 Stellen Sie eine Vermutung auf, um welchen gasförmigen Kohlenwasserstoff es sich im Text handelt.

2 Überprüfen Sie Ihre Vermutung unter Einbeziehung der Angaben zur Verbrennung dieses Kohlenwasserstoffs. Nutzen Sie dabei die Stoffmengenverhältnisse, die sich aus dieser chemischen Reaktion ableiten lassen (► **B1**).
Hinweis: $V_m = 22{,}4 \frac{l}{mol}$

3 Berechnen Sie zum Vergleich die Masse Wasser und das Volumen an Kohlenstoffdioxid, die bei der Verbrennung von 5,6 l Ethan entstehen.

Material C: Carbidlampe

Bevor es elektrische Lampen gab, wurde Licht durch Kerzen, Fackeln und Gaslampen erzeugt.

Die Carbidlampe, auch Acetylenlampe genannt, ist eine Gaslampe, die früher vor allem im Bergbau unter Tage sowie als Fahrzeug- und Signallampe genutzt wurde.

In der Carbidlampe liegt der Brennstoff in chemisch gebundener Form als Calciumcarbid vor. Heute kommen Carbidlampen noch bei der Erforschung von Großhöhlen zum Einsatz.

C1 Begleittext zu einer Carbidlampe im Museum

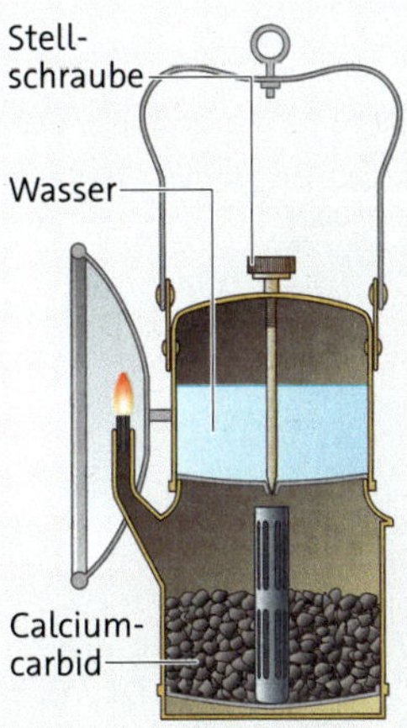

Eine Carbidlampe besteht aus zwei übereinander angeordneten Behältern. Bei der Reaktion von Calciumcarbid (CaC_2) mit Wasser entsteht Ethin, das am Brenner der Lampe entzündet wird. Als Rückstand verbleibt im unteren Behälter überwiegend Calciumhydroxid (gelöschter Kalk).

C2 Schnittdarstellung einer Carbidlampe

1 Carbid- oder Acetylenlampe – beide Bezeichnungen sind richtig. Begründen Sie (▸ **C1, C2**).

2 Erläutern Sie die Funktionsweise der Lampe (▸ **C2**).

3 Formulieren Sie für die chemische Reaktion, bei der Ethin entsteht, die Reaktionsgleichung (▸ **C2**).

4 Beschreiben Sie die chemische Reaktion, die am Brenner der Carbidlampe stattfindet (▸ **C2**). Entwickeln Sie die Reaktionsgleichung.

5 Zeichnen und beschriften Sie für die Herstellung von Ethin eine Experimentieranordnung mit Ihnen bekannten Geräten.

Material D: Kohlenwasserstoff mit Ringstruktur

Sowohl im Erdöl als auch in den Kraftstoffen kommen ringförmige Kohlenwasserstoffe vor. Ihre Eigenschaften sind vergleichbar mit denen der kettenförmigen Kohlenwasserstoffe. Cyclohexan und Cyclohexen sind zwei Beispiele für ringförmige Kohlenwasserstoffe.

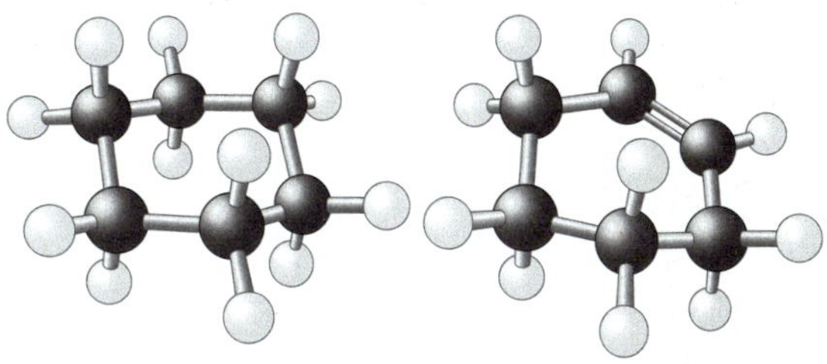

D1 Modelle des Cyclohexan- und Cyclohexenmoleküls

D2 Entfärbung von Brom mit einem ringförmigen Kohlenwasserstoff

1 Stellen Sie die Molekül- und Strukturformeln für Cyclohexan und Cyclohexen auf (▸ **D1**).

2 Vergleichen Sie Cyclohexan und Cyclohexen hinsichtlich struktureller Merkmale (▸ **D1**).

3 Beide ringförmigen Kohlenwasserstoffe können mit Brom reagieren (▸ **D2**).

a Entwickeln Sie für beide Reaktionen jeweils die Reaktionsgleichung und benennen Sie die Reaktionsprodukte.

b Bestimmen Sie jeweils die Reaktionsart.

c Erläutern Sie, wie sich die beiden Kohlenwasserstoffe bei der Reaktion mit Brom dennoch unterscheiden lassen. Gehen Sie dabei auch auf die Reaktionsbedingungen ein.

4 Entwickeln Sie für die ringförmigen Kohlenwasserstoffe mit den Molekülformeln C_8H_{16} und C_8H_{14} die Strukturformeln. Benennen Sie diese Kohlenwasserstoffe.

Brennstoffe

Allein in Deutschland sind mehr als 40 Millionen Pkws zugelassen, die täglich über 46 Millionen Liter Kraftstoff verbrauchen und dabei über 145 Millionen Tonnen Kohlenstoffdioxid ausstoßen. Mobilität, Strom und Heizung werden noch immer durch fossile Energieträger gesichert. Durch den großen Bedarf bei immer begrenzteren Vorkommen und die globale Erderwärmung rücken aber nachwachsende Rohstoffe verstärkt in den Fokus. In Deutschland wird z. B. dem Benzin bis zu 10 % Bioethanol hinzugefügt, das u. a. aus Weizen gewonnen wird.

Brennstoffe genauer betrachtet

Exp. 1 2 8 7 9

Verbrennung verschiedener Brennstoffe

Geben Sie jeweils eine kleine Portion trockenes Holz, Stroh, Holzkohle, Kerzenwachs und künstliches Erdöl (GHS 2|8|7|9) in eine Abdampfschale. Stellen Sie diese auf eine feuerfeste Unterlage und entzünden Sie jeweils die Stoffe mit dem Gasbrenner.
Vergleichen Sie den Reaktionsverlauf und den Geruch sowie die Rückstände miteinander. Vergleichen Sie die Vorgänge auch mit denen bei der Verbrennung von Erdgas (GHS 2) mit dem Brenner.
Entsorgung: Feststoffe in den Hausmüll geben.

Exp. 2 2 8 7 9

Vermischen von Erdöl und Wasser

Füllen Sie ein Reagenzglas etwa 4 cm hoch mit Wasser und geben Sie dazu etwas künstliches Erdöl (GHS 2|8|7|9). Verschließen Sie das Reagenzglas mit einem Stopfen und schütteln Sie kräftig.
Notieren und deuten Sie Ihre Beobachtungen.
Entsorgung: Gemisch in den Behälter für halogenfreie organische Abfälle geben.

Exp. 3 2 8 7 9

Entzündbarkeit von kaltem und warmem Erdöl

Vorsicht! Abzug! Entzündungsgefahr! Füllen Sie in eine Abdampfschale 4 ml künstliches Erdöl (GHS 2|8|7|9). Versuchen Sie, es mit einem brennenden Holzspan zu entzünden. Stellen Sie die Abdampfschale auf einen Dreifuß mit Keramikdrahtnetz und erwärmen Sie das Erdöl in der Abdampfschale kurz mit dem Bunsenbrenner. Versuchen Sie nun erneut, das Erdöl mit einem brennenden Holzspan zu entzünden. Löschen Sie das brennende Erdöl, indem Sie ein großes Becherglas mit der Öffnung nach unten über die Abdampfschale stülpen.
Notieren und deuten Sie Ihre Beobachtungen.
Entsorgung: Reste in den Behälter für halogenfreie organische Abfälle geben.

Exp. 4 2 8 5 7 9

Reaktionsprodukte bei der Verbrennung verschiedener Brennstoffe

Entzünden Sie jeweils etwas Holz, Kohle, Kerzenwachs sowie ein Stück gut mit Erdöl (GHS 2|8|7|9) getränkter Kreide in einer Abdampfschale. Leiten Sie die Verbrennungsgase mithilfe einer Wasserstrahlpumpe durch ein U-Rohr, in dem sich etwas weißes Kupfer(II)-sulfat (GHS 5|7|9) befindet, und dann in eine Gaswaschflasche mit Kalkwasser (GHS 5).

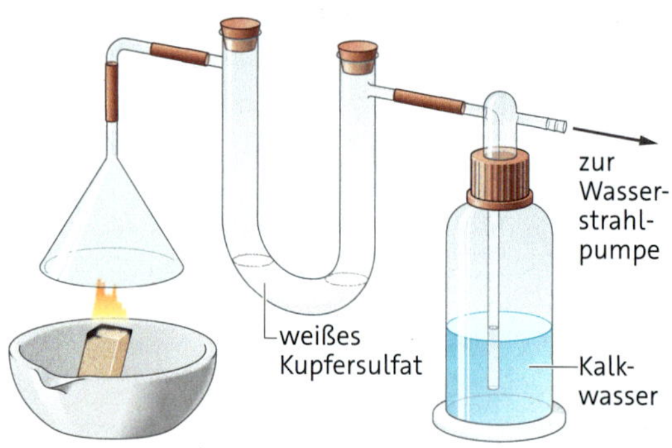

Schlussfolgern Sie, welche Stoffe bei der Verbrennung entstanden sind. Formulieren Sie die Reaktionsgleichung für die Reaktion in der Gaswaschflasche.
Entsorgung: Feststoffe in den Hausmüll, Kalkwasser in das Abwasser geben. Kreide einsammeln.

Exp. 5 2 8 7 9

Temperaturabhängigkeit der Viskosität von Erdöl

Füllen Sie drei Reagenzgläser etwa 4 cm hoch mit Erdöl (GHS 2|8|7|9). Erwärmen Sie eines der Reagenzgläser in einem Wasserbad auf 40 °C und ein weiteres auf 60 °C. Saugen Sie jeweils 10 ml Erdöl in eine Pipette und lassen Sie die Erdölproben in die entsprechenden Reagenzgläser ausfließen. Achten Sie darauf, dass die Pipette senkrecht gehalten wird.
Messen und notieren Sie die Auslaufzeiten mit einer Stoppuhr. Deuten Sie die verschiedenen Messergebnisse.
Entsorgung: Erdölreste einsammeln und wiederverwenden.

Exp. 6 Fraktionierte Destillation von Erdöl

Vorsicht! Abzug!
Befüllen Sie einen Rundkolben zu einem Drittel mit künstlichem Erdöl (GHS 2|8|7|9), geben Sie einige Siedesteinchen hinzu und stellen Sie ihn in eine Heizhaube. Bauen Sie die Experimentieranordnung wie in der Abbildung fertig auf. Sichern Sie Rundkolben, Heizhaube und Kühler mit entsprechendem Stativmaterial. Stellen Sie die Kühlwasserzufuhr an. Erhitzen Sie mit der Heizhaube auf der niedrigsten Stufe. Leiten Sie das zuerst entweichende Gas (GHS 2) mit einem Schlauch in den Abzug. *Vorsicht! Entzündungsgefahr!* Fangen Sie die nächste Fraktion (GHS 2|8|7|9) in einem Becherglas auf, sobald die Temperatur über 70 °C ansteigt. Erhöhen Sie nun allmählich die Temperatur. Fangen Sie weitere Fraktionen bei 110 °C, 150 °C und 220 °C auf.

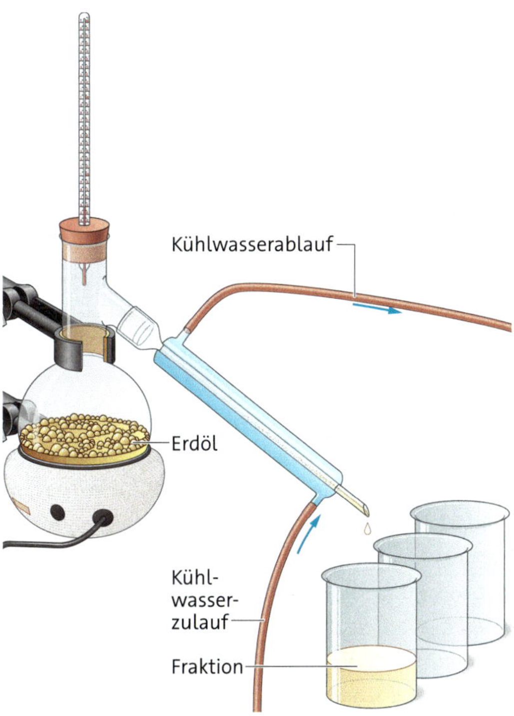

Prüfen Sie die Fraktionen auf Geruch, Farbe, Viskosität und Entflammbarkeit.
Stellen Sie eine Beziehung zwischen Entflammbarkeit und Rußbildung im Vergleich zum Siedebereich der Fraktionen her.
Entsorgung: Fraktionen in den Behälter für halogenfreie organische Abfälle geben.

Exp. 7 Cracken von Paraffinöl

Befüllen Sie ein schwer schmelzbares Reagenzglas mit 5 ml Paraffinöl und im oberen Bereich mit etwas Stahlwolle. Bauen Sie die Experimentieranordnung wie in der Abbildung auf. Erhitzen Sie zunächst die Stahlwolle stark mit dem Bunsenbrenner. Erwärmen Sie danach das Paraffinöl mit einem zweiten Brenner bis zum Sieden. Erhitzen Sie die Stahlwolle fortwährend, bis das Paraffinöl fast vollständig verdampft ist. Fangen Sie die gasförmigen Produkte in Reagenzgläsern pneumatisch auf.

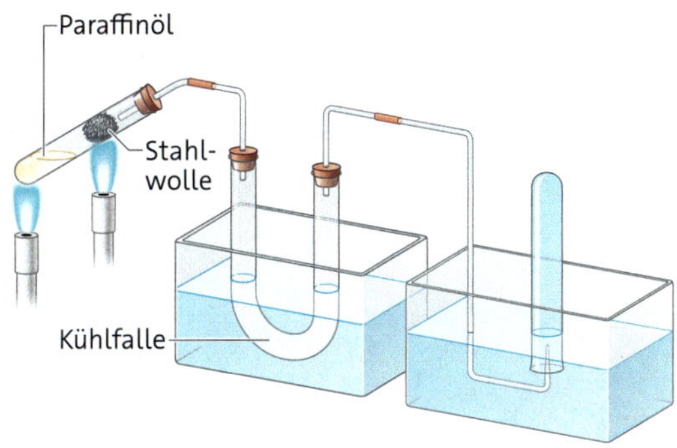

Prüfen Sie die Gase (GHS 2) in den Reagenzgläsern und die in der Kühlfalle gesammelte Flüssigkeit (GHS 2|8|7|9) mit 3%igem Bromwasser (GHS 5|7) und auf Brennbarkeit. Deuten Sie die Beobachtungsergebnisse und formulieren Sie mögliche Reaktionsgleichungen.
Entsorgung: Kondensat in den Behälter für halogenfreie organische Lösungsmittel, bromhaltige Reste in den Behälter für halogenhaltige organische Abfälle geben. Geräte mit Gasresten unter dem Abzug entlüften.

Exp. 8 Explosionsgrenze eines Benzin-Luft-Gemischs

Achtung! Gehörschutz (z. B. Ohropax)! Geben Sie in einen Standzylinder einen Tropfen Reinigungsbenzin (GHS 2|8|7|9), verschließen Sie ihn mit einem Abdeckglas und schütteln Sie. Halten Sie dann einen brennenden Holzspan an die Öffnung. Wiederholen Sie das Experiment, indem Sie die Benzinmenge bis maximal 14 Tropfen langsam steigern.
Fertigen Sie ein Versuchsprotokoll an.
Entsorgung: Benzin in den Behälter für halogenfreie organische Abfälle geben.

Brennstoffe im Fokus

Bei einem Waldbrand sieht man, dass Holz ein sehr energiereicher Stoff ist. Ungenutzt werden große Mengen an Energie in Form von Wärme freigesetzt. Zur Deckung unseres täglichen Energiebedarfs ist Holz einer der ältesten bekannten Brennstoffe.

1 Ungewollte und gewollte Energiefreisetzung bei brennendem Holz

2 Brennstoffe Holz, Steinkohle und Erdöl

Brennstoffe Um als **Brennstoff** zu gelten, muss ein Stoff ohne großen Aufwand herstellbar und in riesigen Mengen verfügbar sein. Bei seiner Verbrennung muss sehr viel Energie freigesetzt werden. Die Verbrennungsprodukte sollten vor allem Gase sein und es sollten sich nur geringe Mengen an festen Rückständen bilden (▸ Exp. 1, S. 40).
Erdöl und Erdgas erfüllen diese Kriterien und sind somit Brennstoffe. Mit Steinkohle, Braunkohle und Torf bilden sie zusammen die **fossilen Brennstoffe** (lat. *fossilis:* ausgegraben).
Fossile Brennstoffe sind vor etwa 200 bis 300 Millionen Jahren in langsamen Prozessen aus abgestorbenen pflanzlichen und tierischen Organismen entstanden.

Brennstoffe und Energieumwandlung In fossilen Brennstoffen ist eine große Menge chemischer Energie gespeichert. Bei ihrer Verbrennung kann diese nutzbar gemacht werden. Im Motor eines Autos wird chemische Energie in thermische und kinetische Energie umgewandelt und zur Fortbewegung genutzt. Die natürlich vorkommenden Brennstoffe wie Erdöl oder Erdgas, aus denen Energie freigesetzt werden kann, heißen **Primärenergieträger**. Werden diese zur besseren Verwendbarkeit weiterverarbeitet, erhält man **Sekundärenergieträger**. Ein Beispiel hierfür ist die Herstellung von Benzin aus Erdöl. Gleiche Massen verschiedener Brennstoffe liefern bei ihrer Verbrennung unterschiedliche Mengen an Energie, sie besitzen spezifische **Heizwerte**. Diese geben an, wie viel Energie in einem Gramm des Brennstoffs gespeichert ist (▸ **3**).

Erdöl, Erdgas, Kohle und Torf sind fossile Brennstoffe. Sie sind bedeutende Primärenergieträger.

Energieversorgung Eine ausreichende Energieversorgung ist bedeutsam für die wirtschaftliche Entwicklung aller Länder. Mit der starken Zunahme der Weltbevölkerung und ihrer Bedürfnisse geht ein stark steigender Energiebedarf einher: Der weltweite Energieverbrauch wird sich bis 2030 im Vergleich zu heute wahrscheinlich um mehr als 50 % erhöhen.
In Deutschland ist der Trend rückläufig. Seit 1990 ist der Verbrauch an Primärenergieträgern um 9 % zurückgegangen, wobei ca. 80 % von fossilen Energieträgern gedeckt wurden (▸ **4**). Die zeitweisen Preisanstiege für Öl, Benzin und andere Brennstoffe in den letzten Jahren machen deutlich, dass eine Abhängigkeit von den fossilen Energieträgern ein großes wirtschaftliches Risiko für die Entwicklung eines Landes darstellt. Zumal Deutschland ein Großteil der Primärenergieträger importieren muss.

Regenerative Energie Immer größere Bedeutung gewinnen daher die **regenerativen (erneuerbaren) Energien**. Darunter versteht man Energieträger, die nach menschlichem Ermessen quasi unerschöpflich sind. Das Spektrum reicht von großen Wasserkraftwerken und Windparks zur Stromerzeugung über die Verwendung von Biogas zum Kochen bis hin zu kleinen Fotovoltaikanlagen zum Betrieb elektrischer Geräte. Allein die Sonne strahlt so viel Energie auf die Erde, dass sich der Gesamtenergiebedarf der Menschen 15 000-mal decken ließe.
Regenerative Energien bieten Versorgungssicherheit, schützen die Umwelt, das Klima und unsere Gesundheit und schonen letztendlich die knapper werdenden Ressourcen.

Eine vielversprechende Alternative für fossile Brennstoffe sind daher **regenerative Brennstoffe**. Sie werden aus schnell wachsenden Pflanzen wie Raps oder Zuckerrohr hergestellt. Die Pflanzen wandeln während des Wachstums die Energie der Sonne in nutzbare chemische Energie um. Diese Brennstoffe werden auch häufig unter dem Begriff **Biomasse** zusammengefasst. Idealerweise setzen sie bei ihrer Verbrennung nur so viel Kohlenstoffdioxid frei, wie sie vorher bei der Fotosynthese aufgenommen haben. Zur Verbrennung in Benzinmotoren eignet sich besonders das aus Weizen gewonnene Bioethanol. Für Dieselmotoren kann Biodiesel genutzt werden, der aus Raps hergestellt wird.

Regenerative Energie wird aus Energieträgern gewonnen, die sich ständig erneuern. Schnell wachsende, energiereiche Pflanzen können als regenerative Brennstoffe genutzt werden.

Brennstoff	Heizwert in $\frac{kJ}{g}$
Holz (trocken)	16
Holzkohle	26
Erdgas	30 bis 45
Steinkohle	32
Heizöl	42
Benzin	44
Methan	50
Wasserstoff	120

3 Heizwerte verschiedener Brennstoffe

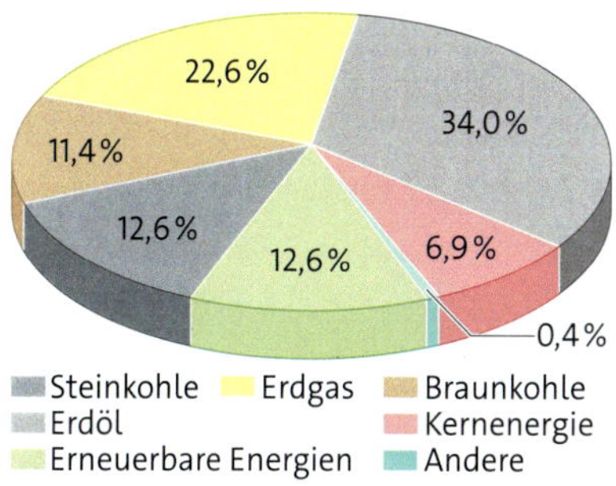

4 Primärenergieverbrauch in Deutschland 2016

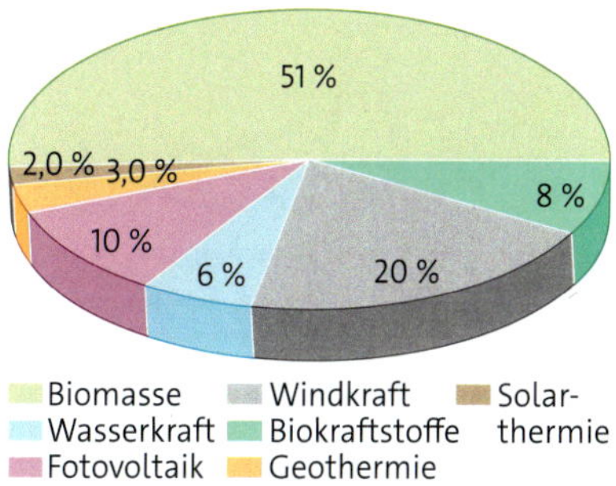

5 Anteile der verschiedenen regenerativen Energiequellen in Deutschland 2016

Aufgaben

1 Erläutern Sie, was man unter einem Brennstoff versteht.

2 Bei der Verbrennung von Holzkohle beim Grillen bleibt oft noch etwas Asche im Grill zurück. Beurteilen Sie, ob Holzkohle ein Brennstoff ist.

3 Beschreiben Sie anhand der Diagramme den Primärenergieverbrauch in Deutschland sowie die Bedeutung der Biomasse bzw. Biokraftstoffe innerhalb der erneuerbaren Energiequellen (▸ **4, 5**).

4 Erläutern Sie die im Text aufgeführten Vorteile regenerativer Energieträger.

Erdöl und Erdgas

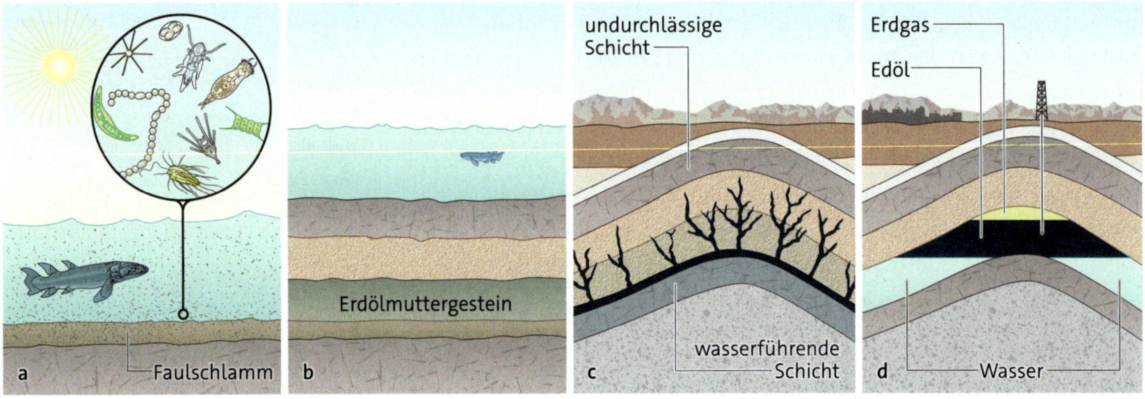

1 Entstehung von Lagerstätten für Erdöl und Erdgas (Schema)

2 Ölkuhle (Erdölsee)

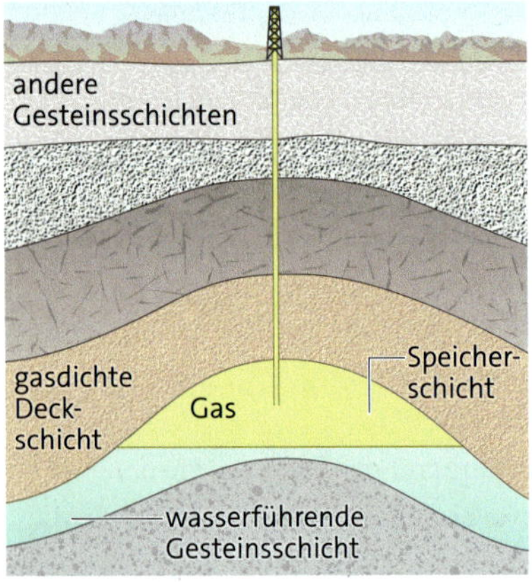

3 Porenspeicher für Erdgas

Entstehung von Erdöl und Erdgas Das Ausgangsmaterial bei der Entstehung von Erdöl und Erdgas bildeten **Kleinstlebewesen**, vor allem Algen, im Plankton des Meerwassers. Abgestorben und abgesunken auf den Meeresgrund fehlte jedoch der Sauerstoff zur Zersetzung. Es kam zur Bildung von **Faulschlamm** (▸**1a**). Durch die Last des darüber abgelagerten Materials, vor allem Sand und Ton, ging der Faulschlamm in Tonschiefer über. Es bildet sich das **Erdölmuttergestein** (▸**1b**). Im Laufe von Jahrmillionen wandelten Bakterien, die ohne Sauerstoff leben können, bei hohem Druck und Temperaturen das Material langsam in einfache Kohlenwasserstoffe um. Das gebildete Erdöl stieg wegen seiner geringen Dichte nach oben (▸**1c**). Manchmal erreichte es die Erdoberfläche und bildete Ölkuhlen (▸**2**). Stieß das Erdöl auf eine **undurchlässige Gesteinsschicht** (Sperrschicht), entstand eine **Lagerstätte**. Enthaltene gasförmige Stoffe bildeten darüber Erdgasblasen (▸**1d**).

Förderung und Transport Bei der Erdölförderung wird heute innerhalb der Lagerstätte meist horizontal gebohrt. Nur etwa jede sechste Bohrung wird dabei fündig. Das Erdöl schießt zuerst von selbst zur Erdoberfläche auf, da es innerhalb der Lagerstätte unter hohem Druck steht. Lässt der Druck allmählich nach, werden Pumpen eingesetzt. Unter günstigsten Bedingungen können so bis zu 50 % des Erdöls gefördert werden. Zur weiteren Ausbeute wird das Öl entweder durch Erwärmen dünnflüssiger gemacht oder durch das Einbringen von Lösungsmitteln aus dem Gestein herausgelöst und zutage gefördert. Nach der Reinigung von Gas, Sand und Wasser erhält man aus dem Erdöl das **Rohöl**.
Erdöl und Erdgas müssen meist über Tausende Kilometer in Pipelines oder per Schiff transportiert werden. Während das Erdöl in Erdölraffinerien weiterverarbeitet wird, nutzt man Erdgas in Deutschland hauptsächlich zum Heizen. Ein Teil des Erdgases wird in riesigen Untertagespeichern gelagert, die meist aus porösem Gestein bestehen und von undurchlässigen Schichten eingeschlossen sind (▸**3**).

Zusammensetzung und Eigenschaften Erdöl ist ein Gemisch aus vielen Stoffen, die sich z. B. in ihren Siedetemperaturen unterscheiden. So findet man im Erdöl eine Vielzahl von organischen Verbindungen, an deren Aufbau nur die Elemente Kohlenstoff und Wasserstoff beteiligt sind. Ihre Moleküle sind kettenförmig, verzweigt und ringförmig. Aus der unterschiedlichen Viskosität verschiedener Erdöle kann man auf den Anteil an kurz- bzw. langkettigen Kohlenwasserstoffen schließen. Je größer der Anteil an kurzkettigen Kohlenwasserstoffen ist, desto dünnflüssiger ist das Erdöl. Bei der Verbrennung entstehen Kohlenstoffdioxid und Wasser (▸ Exp. 4, S. 40). Weiterhin enthält Erdöl noch geringe Mengen an organischen Sauerstoff-, Stickstoff- und Schwefelverbindungen sowie einige anorganische Stoffe. Mit steigender Temperatur nimmt die Viskosität des Erdöls ab (▸ Exp. 5, S. 40).
Erdgas ist ein Gasgemisch. Es besteht zu etwa 90 % aus Methan. Neben organischen Verbindungen wie Ethan, Propan und Butan sind meistens noch Kohlenstoffdioxid und Stickstoff enthalten.

4 Erdöl aus unterschiedlichen Lagerstätten

	Erdöl	Erdgas
Aggregatzustand	flüssig bis fest	gasförmig
Farbe	braun bis schwarz	farblos
Geruch	charakteristisch	geruchlos
Brennbarkeit	nach Erwärmung (▸ Exp. 3, S. 40)	explosiv mit Luft (▸ Exp. 8, S. 41)
Dichte	geringer als Wasser	geringer als Luft
Löslichkeit in Wasser	unlöslich (▸ Exp. 2, S. 40)	–

5 Ausgewählte Eigenschaften von Erdöl und Erdgas

6 Löscharbeiten nach der Explosion der „Deepwater Horizon“

Erdöl und Umwelt Bei der Förderung oder beim Transport von Erdöl kommt es immer wieder zu erschreckenden Umweltkatastrophen. So kam es infolge des Untergangs der Ölbohrinsel „Deepwater Horizon“ zur bis dahin größten Ölpest (▸ **6**). Es dauerte drei Monate, die Ölquelle zu verschließen. Bis zu diesem Zeitpunkt strömten täglich 5,6 bis 9,6 Millionen Liter Erdöl aus dem geborstenen Steigrohr. Bereits wenige Tage nach dem Sinken der Plattform betrug die Fläche des Ölteppichs mehr als 10 000 Quadratkilometer. Etwa zwei Monate nach dem Unglück waren die Küsten aller US-Bundesstaaten, die an den Golf von Mexiko grenzen, stark mit Öl verschmutzt.
Wenn Öl z. B. nach einem Tankerunglück ins Wasser gelaufen ist, bildet sich ein durch Wind und Strömung schnell ausbreitender dünner Ölfilm. Um die unkontrollierte Ausbreitung zu verhindern, werden Ölsperren gebildet. Auf die Öllache wird Ölbindemittel gegeben. Hierzu eignet sich Polyurethan, das als fester, hochadsorptiver Schaumstoff über eine sehr große Oberfläche verfügt und große Mengen des ausgelaufenen Öls binden kann. Moderne Tanker haben doppelte Außenwände, damit im Fall einer Kollision die Gefahr der Verseuchung herabgesetzt ist.

Aufgaben

1 Erstellen Sie eine Übersicht über weltweite Erdöl- und Erdgasvorkommen. Nutzen Sie hierfür Ihren Atlas.

2 Erläutern Sie mithilfe der zwischenmolekularen Kräfte die unterschiedliche Viskosität des Erdöls verschiedener Lagerstätten.

3 Diskutieren Sie den Satz: „Erdöl ist nicht gleich Erdöl.“

4 Erläutern Sie, weshalb bei einer Ölpest das Erdöl auf dem Wasser schwimmt und keine Lösung mit Wasser bildet.

Verarbeitung des Rohöls

1 Destillationstürme einer Erdölraffinerie

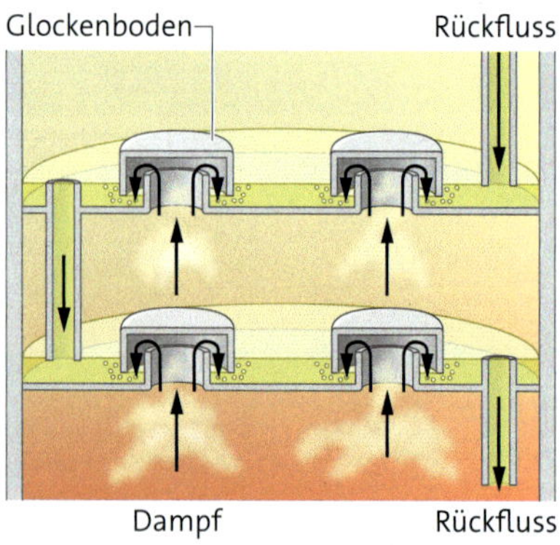

2 Vorgänge auf den Glockenböden

Fraktionierte Destillation von Rohöl Zur Trennung der verschiedenen im Erdöl enthaltenen Kohlenwasserstoffe mit ihren jeweils charakteristischen Siedetemperaturen eignet sich die Destillation. Im Experiment konnten bei unterschiedlichen Temperaturen Stoffe mit andersartiger Farbe, Viskosität, Entflammbarkeit und charakteristischem Geruch aufgefangen werden (▸ Exp. 6, S. 41). Die erhaltenen Stoffe sind jedoch keine Reinstoffe, sondern ebenfalls Stoffgemische, da die Siedetemperaturen der Kohlenwasserstoffe sehr nah beieinanderliegen. Diese Stoffgemische werden als **Fraktionen**, die Art der Destillation als **fraktionierte Destillation** bezeichnet.

Die großtechnische Aufbereitung von Erdöl findet in Raffinerien statt (▸ **1**). Das Rohöl wird im Röhrenofen auf 350 bis 400 °C erhitzt. Die Rohöldämpfe gelangen in den ersten Destillationsturm mit Normaldruck. Der Turm ist durch Glockenböden stockwerkartig unterteilt. Die Temperatur nimmt von unten nach oben ab, sodass sich auf den unteren Böden die hochsiedenden Fraktionen, weiter oben die niedrigsiedenden Fraktionen sammeln (▸ **3**). Die Böden sorgen konstruktionsbedingt für eine gute Trennung des Stoffgemischs (▸ **2**). Der Rückstand wird bei verringertem Druck in der **Vakuumdestillation** weiterdestilliert. Bei herabgesetzten Siedetemperaturen kann hier die Trennung des Rückstands ohne unerwünschte Nebenreaktionen erfolgen, wie sie bei höheren Temperaturen auftreten würden (▸ **3**).

Rohöl wird durch fraktionierte Destillation in Fraktionen mit unterschiedlichen Siedebereichen aufgetrennt.

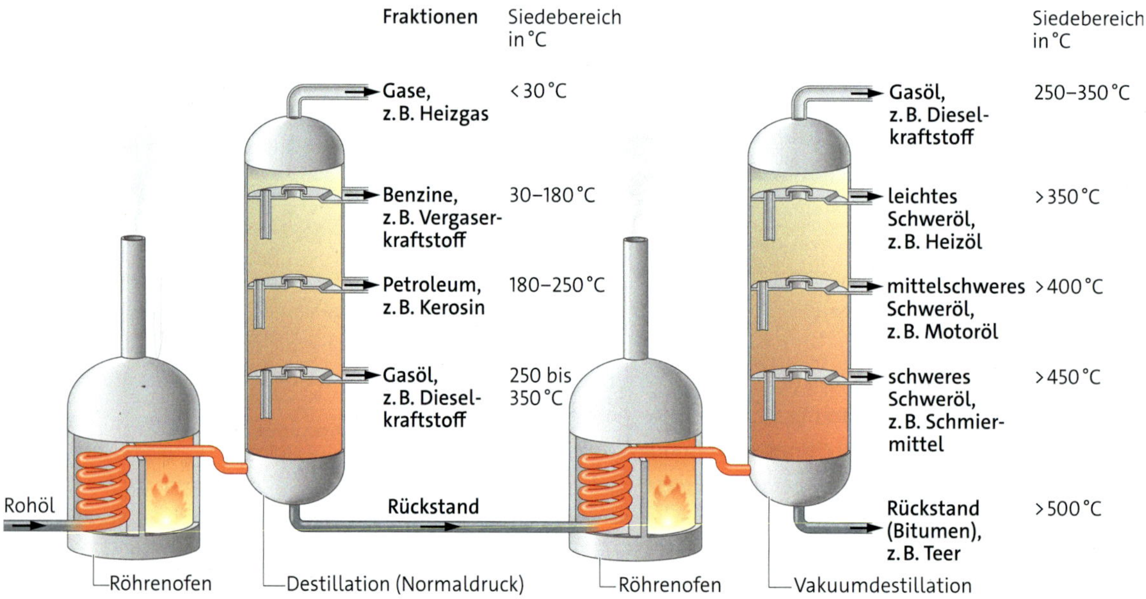

3 Schema der fraktionierten Destillation von Erdöl und der erhaltenen Produkte

Crackverfahren Die besonders nachgefragten niedrigsiedenden Benzin-, Petroleum- und Gasölfraktionen aus kurzkettigen Kohlenwasserstoffen sind nur in einem geringen Anteil im Erdöl vorhanden. Die wenig gebrauchten hochsiedenden Schweröle und Rückstände fallen dagegen in großen Mengen an (▸**4**). Durch das **Cracken** (engl. *to crack:* spalten, aufbrechen) lassen sich diese Stoffe in die gewünschten kurzkettigen Stoffe umwandeln, aus denen die niedrigsiedenden Fraktionen bestehen.
Beim **thermischen Cracken** werden die Stoffe der hochsiedenden Fraktionen unter hohem Druck auf bis zu 900 °C erhitzt, dabei werden die langkettigen Moleküle in Moleküle mit kürzeren Kettenlängen gespalten (▸Exp. 7, S. 41).

Beim **katalytischen Cracken** gelingt das Cracken energiesparender mithilfe eines Katalysators bereits bei 500 °C und einem wesentlich geringeren Druck. Hierbei werden die Dämpfe des Schweröls in einen Reaktor mit umherwirbelnden Katalysatorteilchen eingeleitet. Der Katalysator überzieht sich allmählich mit Ruß und verliert seine Aktivität. In einem Regenerator wird er durch Verbrennung des Rußes gereinigt und danach wieder in den Reaktor zurückgeführt (▸**5**).
Beim Cracken entsteht kein reines Spaltprodukt. Neben verschiedenen Alkanen und Alkenen sind in dem Gemisch auch Cycloalkane – Kohlenwasserstoffe mit ringförmigen Molekülen – enthalten (▸**6**).

Beim Cracken erhält man aus langkettigen Kohlenwasserstoffen ein Gemisch aus kurzkettigen Kohlenwasserstoffen.

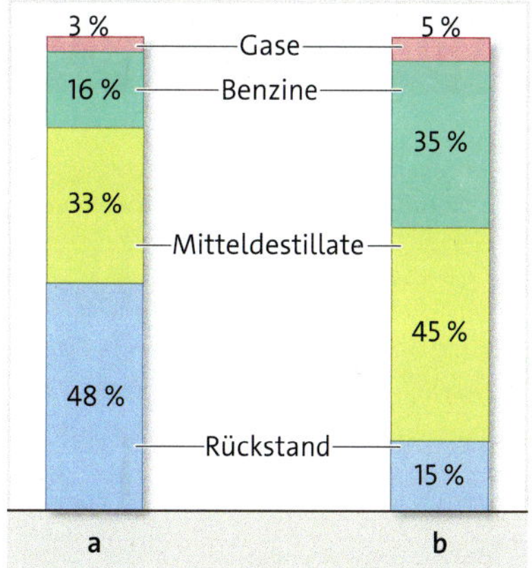

4 Erdölfraktionen: tatsächliche Anteile, gemittelt (a), und Bedarf (b)

Noch gewusst?
Wirkung von Katalysatoren:
- Katalysatoren setzen die Aktivierungsenergie herab.
- Chemische Reaktionen können bei niedrigerer Temperatur ablaufen.
- Chemische Reaktionen verlaufen mit Katalysator schneller.

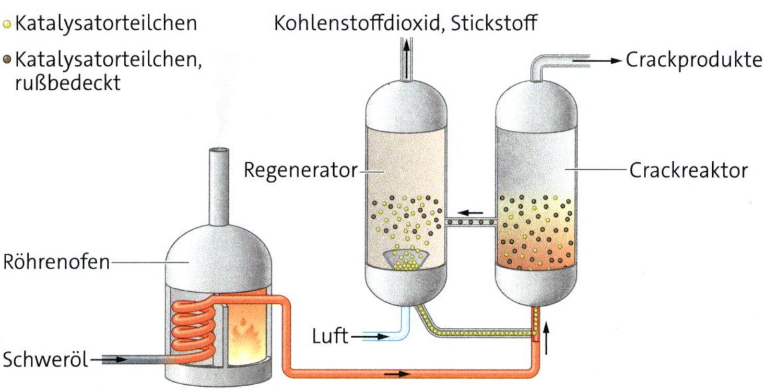

5 Schema des katalytischen Crackens

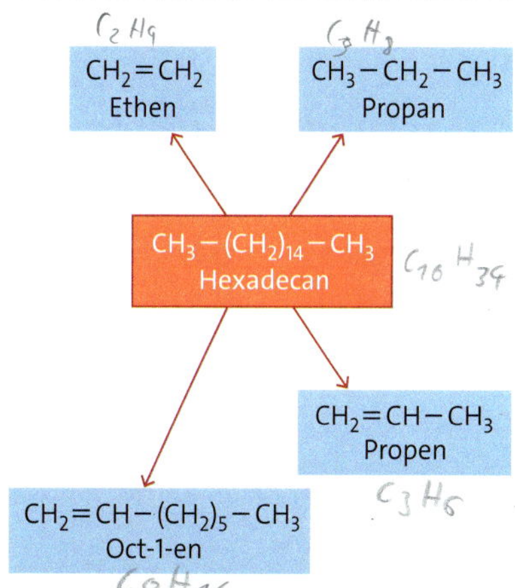

6 Reaktionsprodukte beim katalytischen Cracken von Hexadecan

Aufgaben

1 Beschreiben Sie, was man unter einer Fraktion versteht.

2 Erläutern Sie, weshalb man bei Erdölfraktionen von Siedebereichen spricht.

3 Erläutern Sie die Vorgänge auf einem Glockenboden.

4 Nennen Sie mögliche Produkte, die beim Cracken von Dodecan ($C_{12}H_{26}$) entstehen können. Stellen Sie von diesen Stoffen die Strukturformeln auf.

5 Der beim Cracken mit Ruß überzogene Katalysator muss regeneriert werden. Formulieren Sie hierzu die Reaktionsgleichung.

Treibstoffe und Umweltbelastung

Treibstoff	Siedebereich in °C	Verwendung
Benzin	80–130	Ottomotor
Dieselöle	200–350	Dieselmotor/ Generator
Kerosin	175–380	Flugzeugturbine

1 Treibstoffe aus Erdöl

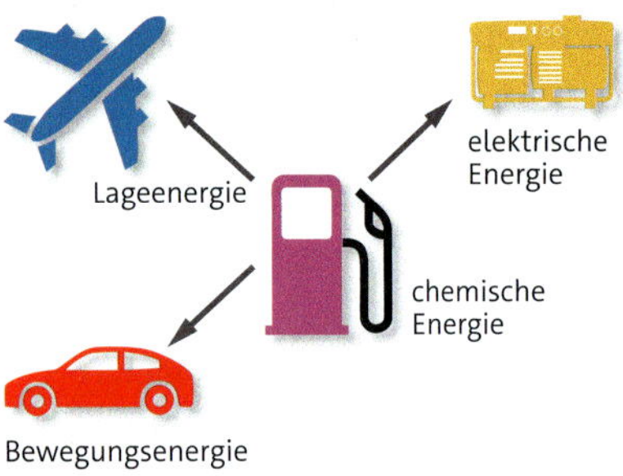

2 Energieumwandlungen von chemischer Energie

Treibstoff	Heizwert in $\frac{kJ}{g}$
Octan	44,5
Super 95	42,3
Diesel	43,1
Biodiesel	37,6
Ethanol	28,4
Methan	50,0
Erdgas	30 bis 45

3 Heizwerte ausgewählter Treibstoffe

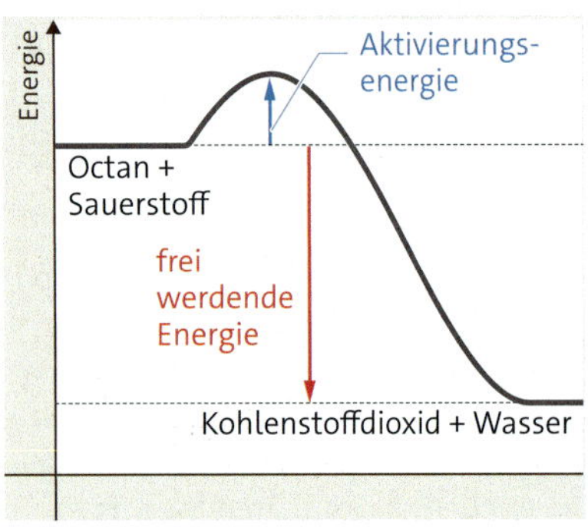

4 Energiediagramm der Verbrennung von Octan

Brennstoffe als Treibstoffe Benzin, Diesel und Kerosin werden als **Treib-** oder **Kraftstoffe** bezeichnet. Es sind Gemische verschiedener Kohlenwasserstoffe, die aus den Fraktionen der Erdöldestillation gewonnen und zum Betreiben von Verbrennungsmotoren, Turbinen oder Generatoren genutzt werden. Je nach Motortyp oder Anforderung unterscheiden sie sich u. a. in ihren Siedebereichen (▸**1**).

Wird Treibstoff in Motoren verbrannt, kann ein Teil der in ihm gespeicherten chemischen Energie z. B. in Bewegungsenergie bei einem Auto, in Lageenergie bei einem Flugzeug oder in elektrische Energie bei einem Notstromaggregat umgewandelt werden (▸**2**). Bei der vollständigen Verbrennung eines Treibstoffs entstehen Kohlenstoffdioxid und Wasser. Modellhaft kann man z. B. die Verbrennung von Octan betrachten, da dabei ähnlich viel Energie freigesetzt wird wie bei der Verbrennung von Benzin oder Diesel (▸**3**).

$$2\ C_8H_{18}\ (l) + 25\ O_2\ (g) \longrightarrow 16\ CO_2\ (g) + 18\ H_2O\ (g) \mid \text{exotherm}$$

Autos als Energiewandler Die im Benzin gespeicherten Energiemengen klingen enorm, dennoch verbraucht ein moderner Pkw zwischen fünf und zehn Liter Benzin auf 100 km. Manchmal sogar noch viel mehr. Nach dem Energieerhaltungssatz kann Energie weder erschaffen noch vernichtet werden. Die bei der Verbrennung freigesetzte Energie wird vollständig in andere Energieformen umgewandelt. Durchschnittlich sind es aber gerade einmal 16 %, die in Bewegungsenergie des Autos umgewandelt werden (▸**5**). 5 % werden für Reibungsverluste aufgebracht. Nur 3 % der chemischen Energie werden über die Lichtmaschine in elektrische Energie für das Licht, die Zündung und andere elektrische Geräte umgewandelt. Die restliche Energie wird als **Wärme** über die heißen Abgase, das Kühlwasser und die Wärmeabstrahlung des Motors ungenutzt an die Umwelt abgegeben. Diese Energie kann nicht mehr in andere Energieformen umgewandelt werden, weshalb man von einer **Energieentwertung** spricht.

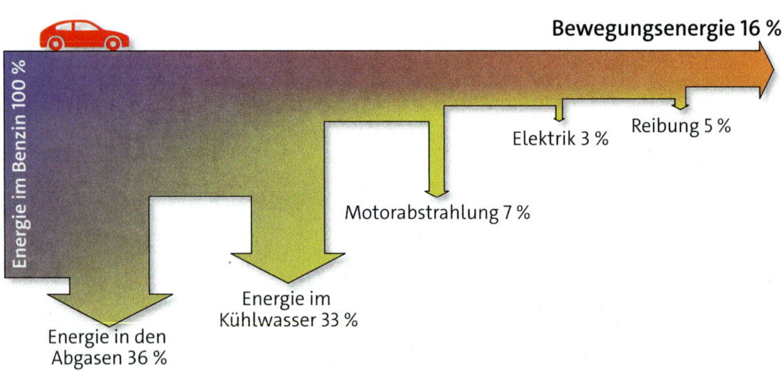

5 Energiebilanz eines Pkw

Umweltbelastung durch Treibstoffe Autoabgase belasten die Umwelt. So werden durch die Verbrennung von Benzin große Mengen an dem klimaschädlichen Gas Kohlenstoffdioxid (CO_2) freigesetzt. Die Umweltbelastung ist umso geringer, je größer die freigesetzte Energie für 1 mol gebildetes Kohlenstoffidoxid ist. Diese Energie kann ebenso wie der Kohlenstoffdioxidausstoß berechnet werden. Der Vergleich mit anderen Treibstoffen ermöglicht eine Abschätzung der durch den Treibstoff verursachten Umweltbelastung (▸ Aufgaben). Für eine genauere Beurteilung müssen noch weitere Faktoren wie der Wirkungsgrad des Motors oder die Herstellungskosten des Treibstoffs betrachtet werden. Auch ist Kohlenstoffdioxid nicht der einzige problematische Stoff, der in den Abgasen enthalten ist (▸ **6**).

Aufgabe: Ein Pkw hat einen durchschnittlichen Benzinverbrauch von 7,8 l auf 100 km. Berechnen Sie die Masse an ausgestoßenem Kohlenstoffdioxid pro gefahrenem Kilometer. Gehen Sie davon aus, dass Benzin im Wesentlichen aus Octan besteht ($\varrho(C_8H_{18}) = 0{,}7\,\frac{g}{ml}$).

Gegeben: $V(C_8H_{18}) = 7{,}8\,l$ pro 100 km, $\varrho(C_8H_{18}) = 0{,}7\,\frac{g}{ml}$,
$M(C_8H_{18}) = 114\,\frac{g}{mol}$, $M(CO_2) = 44\,\frac{g}{mol}$

Gesucht: $m(CO_2)$ pro km

Lösung:

1. Reaktionsgleichung aufstellen:
$2\,C_8H_{18}\,(l) + 25\,O_2\,(g) \longrightarrow 16\,CO_2\,(g) + 18\,H_2O\,(g)$ | exotherm

2. Berechnen der verbrauchten Masse an Octan:
$m(C_8H_{18}) = \varrho(C_8H_{18}) \cdot V(C_8H_{18}) = 0{,}7\,\frac{g}{ml} \cdot 7\,800\,ml = 5\,460\,g$

3. Berechnen der enstehenden Masse an Kohlenstoffdioxid (▸ S. 9):

$$m(CO_2) = \frac{n(CO_2)}{n(C_8H_{18})} \cdot \frac{M(CO_2)}{M(C_8H_{18})} \cdot m(C_8H_{18})$$

$$= \frac{16}{2} \cdot \frac{44\,\frac{g}{mol}}{114\,\frac{g}{mol}} \cdot 5\,460\,g = 16\,859\,g \text{ (pro 100 km)}$$

Entspricht: $m(CO_2) = 168{,}59\,g$ pro km

Antwort: Der Pkw stößt durchschnittlich 168,59 g Kohlenstoffdioxid pro gefahrenem Kilometer aus.

Aufgabe: Bestimmen Sie die freigesetzte Energie für 1 mol ausgestoßenes Kohlenstoffdioxid bei der Verbrennung von Octan (C_8H_{18}).

Gegeben: Heizwert Octan: $44{,}5\,\frac{kJ}{g}$,
$M(C_8H_{18}) = 114\,\frac{g}{mol}$

Gesucht: Energie für 1 mol CO_2

Lösung:
Freigesetzte Energie für 1 mol verbranntes Octan:
$44{,}5\,\frac{kJ}{g} \cdot 114\,\frac{g}{mol} = 5\,073\,\frac{kJ}{mol}$

Bei der Verbrennung von 1 mol Octan entstehen 8 mol Kohlenstoffdioxid, daraus folgt für die freigesetzte Energie für 1 mol entstehendes Kohlenstoffdioxid:
$\frac{1}{8} \cdot 5\,073\,\frac{kJ}{mol} = 634\,\frac{kJ}{mol}$

Antwort: Bei der Verbrennung von Octan wird eine Energie von 634 kJ für 1 mol gebildetes Kohlenstoffdioxid freigesetzt.

Luftschadstoff	Volumenanteil in %
Kohlenstoffdioxid	87,6
Kohlenstoffmonooxid	10,3
Stickstoffoxide	0,6
Schwefeldioxid	0,06
Kohlenwasserstoffe	1,07
Aldehyde	0,4

6 Zusammensetzung der schädlichen Autoabgase

Aufgaben

1 Erdgas (Methan) ist ein alternativer Treibstoff für Autos.

a Berechnen Sie den CO_2-Ausstoß pro km bei einem Verbrauch von 4,5 kg Methan auf 100 km.

b Berechnen Sie die freigesetzte Energie pro mol entstehendem Kohlenstoffdioxid.

c Begründen Sie, warum Erdgas als klimafreundlicher Ersatztreibstoff gilt.

2 Erläutern Sie, ob der Ersatz von Benzin (Octan) durch Ethanol aus ökologischer Sicht sinnvoll ist. Berechnen Sie hierzu den Verbrauch an Ethanol ($\varrho(C_2H_5OH) = 0{,}79\,\frac{g}{ml}$) des Pkw aus der Beispielrechnung und seinen Kohlenstoffdioxidausstoß.

Treibstoffveredlung durch Reformieren

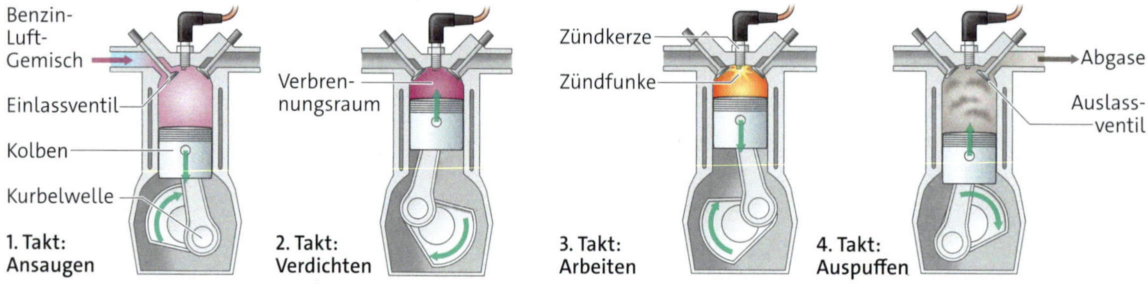

1 Arbeitsweise eines Ottomotors

2 Nicolaus Otto (1832 bis 1891)

3 Verbrennungsmotor

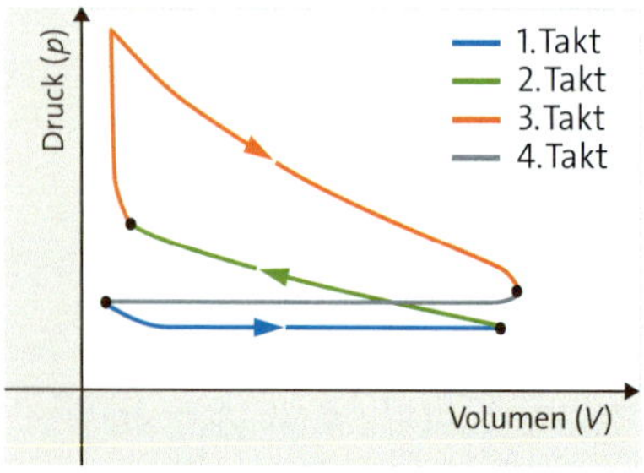

4 *p*-*V*-Diagramm des Benzin-Luft-Gemischs im Verbrennungsraum des Ottomotors

Autos werden von Motoren angetrieben In einem Verbrennungsmotor wird ein Treibstoff-Luft-Gemisch explosionsartig, aber kontrolliert verbrannt. Einer der am weitverbreitetsten Verbrennungsmotoren ist der Ottomotor. Er wurde im Jahre 1876 von Nicolaus Otto erfunden (▸**2**). Das Grundprinzip dieses Motors ist bis heute unverändert.
Bei Pkws besteht der Motor meist aus vier Zylindern, in denen sich jeweils ein Kolben auf und ab bewegt (▸**3**). Alle Kolben sind durch die Kurbelwelle miteinander verbunden. Durch die versetzte Zündung des Benzin-Luft-Gemischs in den einzelnen Zylindern kann die Kurbelwelle kontinuierlich angetrieben werden. Die Drehbewegung der Kurbelwelle wird über das Getriebe auf die Antriebsachse und letztendlich die Räder übertragen – das Auto fährt.

Die Zündung des Benzin-Luft-Gemischs erfolgt beim Ottomotor über die Zündkerzen durch elektrische Funken. Die Bewegung der Kolben wird in vier Takte unterschieden (▸**1**). Bei einem Takt führt der Kolben entweder eine Aufwärts- oder eine Abwärtsbewegung aus:

1. Takt (Ansaugtakt): Der Kolben wird nach unten bewegt, sodass ein Unterdruck entsteht. Durch das Einlassventil strömt das Benzin-Luft-Gemisch in den Verbrennungsraum ein. Das Auslassventil ist geschlossen.

2. Takt (Verdichtungstakt): Ein- und Auslassventil sind geschlossen. Dadurch, dass sich der Kolben wieder nach oben bewegt, wird das Benzin-Luft-Gemisch unter Druck gesetzt und stark komprimiert.

3. Takt (Arbeitstakt): Das stark komprimierte Benzin-Luft-Gemisch wird durch die Zündkerze gezündet, d. h. zur Reaktion gebracht. Die dabei frei werdende Wärme dehnt die Verbrennungsgase stark aus, sodass der Kolben nach unten gedrückt wird. Die chemische Energie im Benzin-Luft-Gemisch wird in Bewegungsenergie umgewandelt und treibt die Kurbelwelle an. Ein- und Auslassventil sind dabei geschlossen.

4. Takt (Auslasstakt): Der Kolben wird wieder nach oben bewegt. Das Auslassventil öffnet sich und die Abgase werden hinausgedrückt und über den Auspuff an die Umgebung abgegeben.

Klopffestigkeit von Treibstoffen Im Ottomotor soll das Benzin-Luft-Gemisch nach der kontrollierten Zündung gleichmäßig verbrennen. Aber während des Verdichtungstakts im Zylinder erwärmt sich dieses Gemisch durch den steigenden Druck und kann sich zu früh von selbst entzünden – der Motor läuft nicht mehr rund (▸**8**).
Dabei entsteht im Motor ein klopfendes Geräusch, das auf Dauer zur Beschädigung des Motors führt. Benzin wird deshalb durch besondere Zusätze und eine festgelegte Zusammensetzung klopffester gemacht.
Die an Tankstellen verfügbaren Benzinsorten unterscheiden sich in ihrer Klopffestigkeit (▸**6**). Als Maß hierfür wurde die Oktanzahl (**OZ**) eingeführt. Zu ihrer Festlegung dienen das zündfreudige, wenig klopffeste Heptan mit der Oktanzahl 0 und das zündfeste Isooctan (2,2,4-Trimethylpentan) mit der Oktanzahl 100 (▸**5**). Ein Treibstoff, der sich in einem Prüfmotor z. B. wie ein Gemisch aus 95 % Isooctan und 5 % Heptan verhält, erhält die Oktanzahl 95.

Reformieren Das durch die fraktionierte Destillation gewonnene Benzin weist für moderne Motoren noch eine zu niedrige Oktanzahl auf. Es enthält einen hohen Anteil an unverzweigten, zündfreudigen Kohlenwasserstoffen wie n-Heptan. Auch nach dem Cracken ist der Anteil verzweigter Kohlenwasserstoffe im Benzin meist noch zu niedrig. Die Oktanzahl für dieses Crackbenzins liegt zwischen 40 und 70 und muss für Ottokraftstoffe auf mindestens 91 erhöht werden.

Dazu wird die Struktur der unverzweigten Kohlenwasserstoffe durch **Reformieren** (lat. *reformare:* umgestalten) gezielt verändert. Das Crackbenzin wird dafür meist über Rheniumkatalysatoren bei Temperaturen um 500 °C und hohem Druck geleitet. Unter diesen Bedingungen werden Kohlenwasserstoffmoleküle mit unverzweigten Ketten zu stärker verzweigten oder ringförmigen Molekülen umgewandelt. Je verzweigter dabei die Moleküle des Kohlenwasserstoffs sind, desto höher ist seine Klopffestigkeit. Auf diese Weise wird durch das Reformieren die Oktanzahl des Benzins erhöht. Gegenwärtig setzt man dem Benzin zur Erhöhung der Oktanzahl zusätzlich spezielle Antiklopfmittel wie Methyl-tertiär-butylether (MTBE) oder ETBE (Ethyl-tertiär-butylether) hinzu, das sogar aus Bioethanol gewonnen wird (▸**7**).

Beim Reformieren werden aus unverzweigten Kohlenwasserstoffen verzweigte oder ringförmige Kohlenwasserstoffe gebildet.

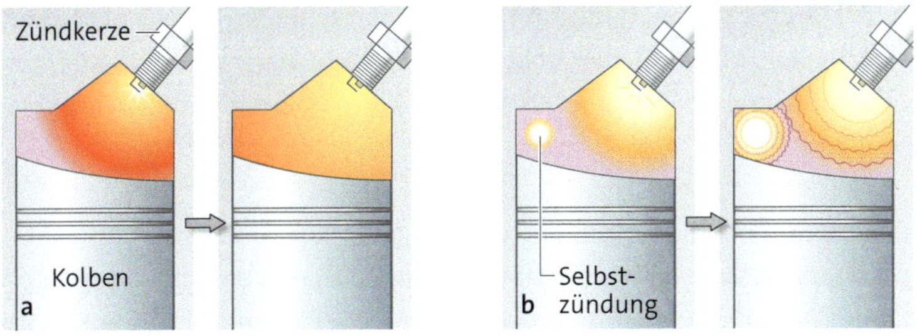

8 **a:** kontrollierte Verbrennung; **b:** klopfende Verbrennung

Stoff	Oktanzahl (OZ)
n-Pentan	62
n-Hexan	25
n-Heptan	**0**
n-Octan	17
2-Methylbutan	90
Isooctan	**100**
2-Methylpent-1-en	83
Cyclopentan	85
Cyclohexan	77
Benzol	106
Toluol	109
MTBE	115

5 Oktanzahlen einiger Kohlenwasserstoffe

Treibstoff	ROZ (Research-OZ)
Superbenzin	> 95
Super-Plus-Benzin	> 98
Premiumbenzin	>100

6 Oktanzahl von Vergaserkraftstoffen

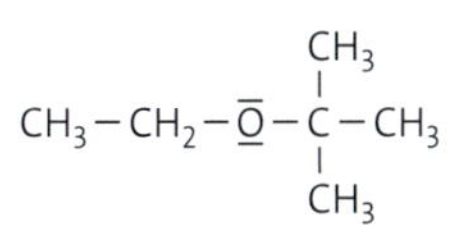

7 Halbstrukturformel von ETBE

Aufgaben

1 Erläutern Sie das Diagramm des Benzin-Luft-Gemischs im Zusammenhang mit der Arbeitsweise des Ottomotors (▸**1**, **4**).

2 Geben Sie mögliche Strukturformeln isomerer Reaktionsprodukte an, die beim Reformieren aus n-Decan entstehen können.

3 Vergleichen Sie die Prozesse Cracken und Reformieren hinsichtlich gebildeter Reaktionsprodukte.

4 Es gibt bereits Kraftstoffe, die eine höhere Oktanzahl als 100 aufweisen (z. B. OZ 102). Erklären Sie diesen Sachverhalt.

Treibstoffe aus nachwachsenden Rohstoffen

Die Nutzung fossiler Energieträger, z. B. Benzin in Verbrennungsmotoren, hat große Auswirkungen auf unsere Umwelt. Autoabgase – vor allem das Kohlenstoffdioxid – sorgen für einen Klimawandel mit unabsehbaren Folgen.
Deshalb werden große Hoffnungen auf die vermehrte Nutzung nachwachsender Rohstoffe gesetzt.

1 Raps – eine Alternative für fossile Brennstoffe?

Exp. 9 **L**

Herstellung von Biodiesel

In einem großen Reagenzglas mit Rührfisch werden 10 ml einer Lösung von 0,3 g Natriumhydroxid (GHS 5) in 100 ml Methanol (GHS 2|6|8) mit 5 ml Rapsöl gemischt und mit einem durchbohrten Stopfen mit Steigrohr verschlossen. Die Emulsion wird 5 min lang in einem Wasserbad bei etwa 75 °C auf einem Magnetrührer unter Rückfluss bis zum Aufklaren erhitzt. Ohne Abkühlen wird der Inhalt in ein Reagenzglas mit Wasser gegossen und bis zur Phasentrennung gewartet.

2 E85 – Ethanol 85 zum Tanken

Treibstoffe vom Acker Chemische Energie ist auch in den von Pflanzen produzierten Kohlenstoffverbindungen gespeichert. Land- oder forstwirtschaftlich erzeugte Produkte wie Holz, Raps, Weizen oder Zuckerrohr gelten als **nachwachsende Rohstoffe**, wenn sie zur Energiegewinnung oder zur Herstellung alternativer Treibstoffe genutzt werden statt für Ernährungs- oder Fütterungszwecke.

Auch beim Verbrennen von nachwachsenden Treibstoffen entsteht Kohlenstoffdioxid. Es wird aber immer nur so viel Kohlenstoffdioxid freigesetzt, wie die Pflanzen zuvor zum Wachstum aus der Luft gebunden haben. Bei der Verbrennung fossiler Energieträger gelangen im Gegensatz dazu zusätzlich große Mengen an Kohlenstoffdioxid in die Atmosphäre.

Biodiesel Ein hochwertiger Energieträger ist z. B. Rapsöl, das aus Rapssamen gewonnen wird. Neben Speiseöl und Margarine kann aus Rapsöl auch **Biodiesel** erzeugt werden (▸ Exp. 9).

Biodiesel kann grundsätzlich in allen herkömmlichen Dieselmotoren eingesetzt werden. Für den vollständigen Ersatz von Diesel aus Erdöl wären aber riesige Mengen an Pflanzenmaterial nötig. Zudem ist seine Herstellung sehr energieaufwendig. Reiner Biodiesel ist an deutschen Tankstellen aufgrund der hohen Besteuerung nahezu verschwunden. Gegenwärtig wird Biodiesel aber bis zu 7 % dem herkömmlichen Diesel beigemischt.

Bioethanol Ethanol ist ein leichtflüchtiger Alkohol, der mit Luft explosive Gasgemische bildet. Daher eignet sich Ethanol zur Verbrennung in Ottomotoren. Wie herkömmliches Benzin verbrennt es vollständig zu Wasser und Kohlenstoffdioxid.

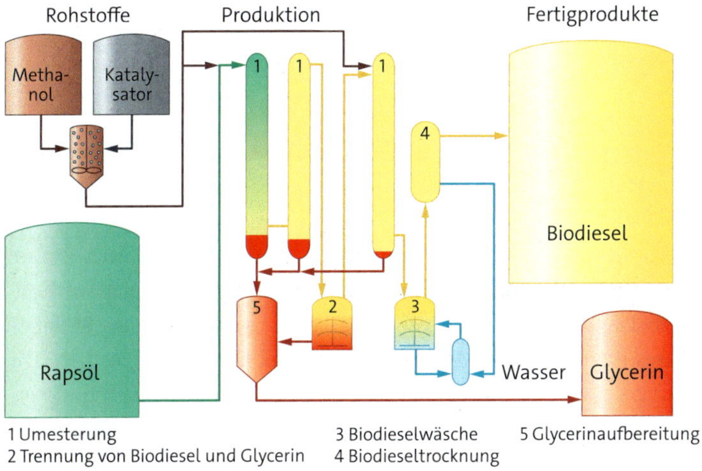

3 Herstellung von Biodiesel

4 Biogasanlage

Durch alkoholische Gärung entsteht aus zuckerhaltigen Pflanzen wie Zuckerrübe oder Weizen Ethanol (Bioethanol). Die Benzinsorten *Super* und *Super Plus* enthalten bis zu 5 % und E10-Benzin bis zu 10 % Bioethanol. Als reiner Treibstoff ist es in Deutschland nicht erhältlich.

Vor- und Nachteile von Bioethanol als Treibstoff 1 Liter Ethanol hat einen um etwa 35 % geringeren Gehalt an chemischer Energie als 1 Liter gewöhnliches Benzin. Daher müsste man bei gleicher Fahrleistung eine entsprechend größere Menge tanken. Gegenüber ethanolfreien Treibstoffen sind in den Abgasen von Bioethanol geringere Mengen an Kohlenwasserstoffen, Kohlenstoffmonooxid und aromatischen Verbindungen wie Benzol enthalten. Aufgrund des erhöhten Aldehydanteils in den Abgasen sind ethanolhaltige Treibstoffe aber dennoch gesundheitlich problematisch.

Die Verwendung von Bioethanol als Treibstoff erfordert korrosionsbeständige Ventile aus besonders gehärtetem und temperaturbeständigem Material. Ethanol reagiert mit Gummi und Kunststoffen und darf daher nur in speziell ausgerüsteten Fahrzeugen verwendet werden. Die gesetzlich geforderte Verwendung als Zusatz in Benzin ist aber in der Regel unbedenklich. Seit 2005 gibt es auch einige Tankstellen, die Treibstoffe mit bis zu 85 % Ethanolanteil (E85) verkaufen (▸**2**). Nur speziell entwickelte Fahrzeuge, die Flexible Fuel Vehicles (kurz: FFV), können mit diesen Mischungen fahren.

Biogas Bei der Vergärung von organischen Abfällen entsteht Biogas (Biomethan). Bakterien zersetzen die organischen Stoffe unter Luftabschluss vorwiegend zu Methan (55 bis 70 %) und Kohlenstoffdioxid (27 bis 44 %). In landwirtschaftlichen Biogasanlagen erfolgt dies besonders effizient (▸**4**), denn bei der Viehhaltung fallen täglich große Mengen an Gülle und Stallmist an. Ein Rind von 500 kg Gewicht liefert am Tag Mist für etwa 1,5 m^3 Biogas. Diese Menge kann z. B. rund 1,5 Liter Benzin ersetzen. Auch Abfälle aus der Biotonne werden in Biogasanlagen in wertvolles Biogas umgewandelt.

Aufgaben

1 Erklären Sie, weshalb die Verbrennung fossiler Treibstoffe den Treibhauseffekt verstärkt, die Verbrennung nachwachsender Treibstoffe jedoch nicht.

2 Erläutern Sie die Herstellung von Biodiesel anhand von ▸**3**.

3 Erläutern Sie anhand der Stoffeigenschaften, warum sich Ethanol gut als Treibstoff für Ottomotoren eignet.

4 Nehmen Sie begründet Stellung zu folgender Aussage: „Ohne Umweltbelastung ist Energiegewinnung nicht möglich.“

5 Beurteilen Sie die Verwendung von Biodiesel, Bioethanol und Biogas als Treibgase.

Brennstoffe und Umwelt

Folgen der Energiegewinnung Im Alltag benötigen wir sehr viel Energie, damit der Computer funktioniert, das Handy klingelt, die Stereoanlage läuft oder das Auto rollt. Die Energie hierfür erhalten wir zum großen Teil aus der Verbrennung fossiler Energieträger wie Kohle und Erdöl bzw. seiner Produkte. Dabei entstehen gewaltige Massen des Treibhausgases Kohlenstoffdioxid. Aber auch bei der Gewinnung oder beim Transport dieser Energieträger können schwerwiegende Umweltprobleme entstehen.

Stimmt die Klimabilanz? Fast ein Viertel der weltweiten Kohlenstoffdioxidemissionen werden durch den Verkehr (Straße, Schiene, Luft und Wasser) verursacht. Biokraftstoffe galten lange als Chance, von der Abhängigkeit fossiler Treibstoffe wegzukommen und damit gleichzeitig den Ausstoß an Kohlenstoffdioxid zu reduzieren. Denn bei der Verbrennung von Biokraftstoffen entsteht erst einmal kein zusätzliches Kohlenstoffdioxid (▸ S. 52–53).
Um aber eine objektive Aussage zur Klimabilanz eines Treibstoffs zu treffen, muss der Gesamtbetrag an Kohlenstoffdioxidemissionen, der direkt oder indirekt beim Anbau, beim Transport und bei der Verarbeitung bzw. bei der Herstellung eines Treibstoffs verursacht wird, betrachtet werden.

In Ländern wie Indonesien und Malaysia werden riesige Teile des noch vorhandenen Regenwalds für den Anbau von Palmölplantagen zur Biodieselherstellung unwiederbringlich vernichtet. Durch Brandrodung werden nicht nur enorme Mengen an Kohlenstoffdioxid freigesetzt, diese Flächen entfallen zukünftig auch als Kohlenstoffdioxidspeicher. Die Palmölplantagen liefern nur durch Düngung die gewünschten Erträge. Dadurch wird aber ein Stickstoffoxid freigesetzt, das eine 300-fach stärkere klimaschädigende Wirkung hat als Kohlenstoffdioxid. Bei der Verarbeitung des Palmöls zu Biodiesel verschlechtert sich je nach Verfahren die Klimabilanz weiter (▸ 3).

1 Brandrodung im Regenwald und Palmölplantage

Info 1

Anthropogener Treibhauseffekt

Der natürliche Treibhauseffekt bewirkt die lebenserhaltende Erwärmung der Erdoberfläche. Ohne ihn würde die Oberflächentemperatur der Erde im globalen Mittel statt 15 °C nur etwa –18 °C betragen. Dazu tragen die Treibhausgase Wasserdampf mit einem Drittel, Kohlenstoffdioxid mit einem Anteil von etwa 15 %, Ozon mit etwa 10 %, Stickstoffoxid und Methan mit je etwa 3 % bei.

Durch die großflächige Rodung von Regenwäldern, den natürlichen Kohlenstoffdioxidspeichern der Erde, und der Freisetzung riesiger Kohlenstoffdioxidmengen bei der Energiegewinnung erhöht sich der Kohlenstoffdioxidgehalt in der Atmosphäre seit Beginn der industriellen Revolution. Das führt zur Verstärkung des Treibhauseffekts. Da der Mensch dafür verantwortlich ist, wird diese Verstärkung auch anthropogener – vom Menschen verursachter – Treibhauseffekt genannt.

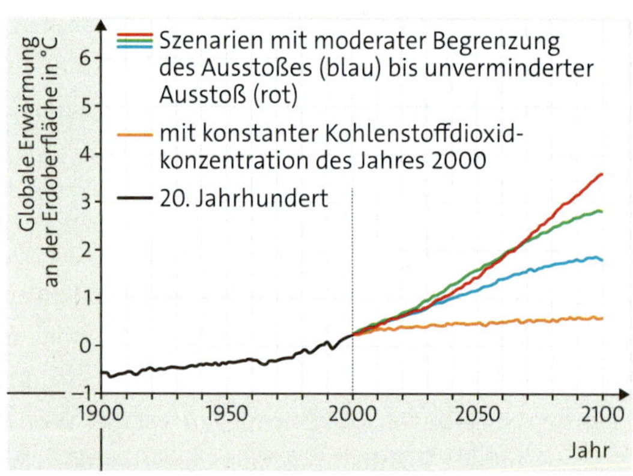

2 Anstieg der Jahresdurchschnittstemperaturen bis 2100 nach verschiedenen Szenarien für den weltweiten Ausstoß an Treibhausgasen (Quelle: IPCC)

Weiterhin muss beim Vergleich berücksichtigt werden, dass z. B. Biodiesel zu einem Leistungsverlust des Motors und zu einem Mehrverbrauch von 10 bis 15 % gegenüber herkömmlichem Diesel führt. In ▸3 sind deshalb die Treibhausgasemissionen der verschiedenen Treibstoffe nicht auf ein bestimmtes Volumen oder eine bestimmte Masse bezogen, sondern auf ihren Heizwert. Die Größe Kohlenstoffdioxidäquivalenzen gCO_{2eq} berücksichtigt dabei auch die anderen Treibhausgase. Durch ein Verfahren werden sie aufgrund ihrer Treibhauswirkung in die entsprechende (äquivalente) Masse Kohlenstoffdioxid umgerechnet.

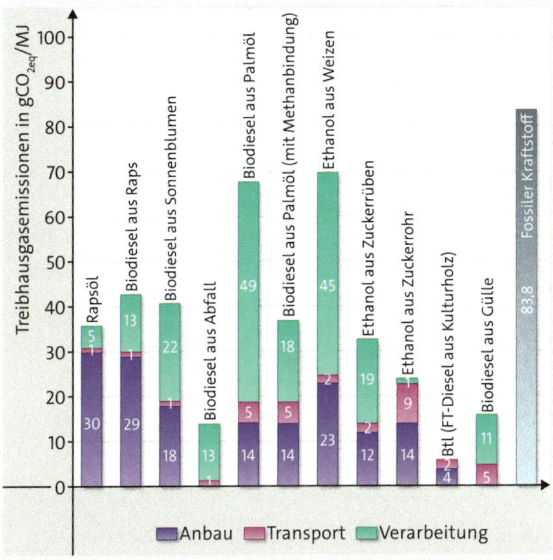

3 Treibhausgasemissionen für Treibstoffe, angegeben in Gramm Kohlenstoffdioxidäquivalenzen (gCO_{2eq}) pro Megajoule (MJ) Heizwert

Lösungen für ein vielschichtiges Problem In den letzten Jahren wurde versucht, Lösungsansätze für die Probleme zu erarbeiten, die bei der Herstellung von Biokraftstoffen entstehen. Die deutsche Bundesregierung und die EU haben Nachhaltigkeitskriterien erarbeitet, deren Umsetzung zurzeit in vielen Ländern, z. B. Indonesien, Argentinien und Brasilien, erprobt wird. Erforscht werden auch die Biokraftstoffe der „dritten Generation", zu deren Herstellung lediglich Biomasse aus Abfallstoffen wie Stroh, Gras, Blattwerk, Biomüll aus den Haushalten oder Gartenabfälle verwendet wird (▸3).

Aufgaben

1 Beurteilen Sie, ob es sich bei Bioethanol um einen klimaneutralen Treibstoff handelt.

2 Erläutern Sie die Zusammenhänge, die in ▸3 dargestellt sind.

3 Nehmen Sie kritisch Stellung zu der Tatsache, dass Agrarprodukte für die Treibstoffherstellung genutzt werden.

4 Organisieren Sie eine Podiumsdiskussion in der Klasse zum Thema Biotreibstoffe. Argumentieren Sie aus der Sicht von vier Interessengruppen: Naturschutzbund, Mineralölunternehmen, Landwirt, Autobesitzer. Recherchieren Sie zur Vorbereitung zusätzlich zu den Informationen des Basistexts die Nachhaltigkeitskriterien der EU sowie Vor- und Nachteile von Biokraftstoffen.

Info 2

Lebensmittel im Tank?

Unabhängig von der Klimabilanz konkurrieren vielerorts die Anbauflächen für Pflanzen von Biokraftstoffen mit denen für die Herstellung notwendiger Lebensmittel. In Paraguay beabsichtigen Sojafarmer auf Kosten der Lebensmittelversorgung, den traditionellen Anbau von Weizen durch Raps und Hirse zu ersetzen.

Die steigende Nachfrage für Biokraftstoffe beeinflusst so die Lebensmittelpreise. Unruhen gab es bereits in Mexiko, wo die Preise für Mais, aus dem das Grundnahrungsmittel Tortillas hergestellt wird, sprunghaft angestiegen sind.

4 Bauernproteste in Peru

Auf einen Blick

Brennstoffe

Fossile Brennstoffe	Brennstoffe, die vor 200 bis 300 Millionen Jahren in langsamen Prozessen aus dem organischen Material abgestorbener Pflanzen und Tiere unter Ausschluss von Sauerstoff entstanden sind
Erdgas	Stoffgemisch, dessen Hauptbestandteile die Stoffe Methan, Ethan, Propan und Butan sind. Erdgas dient als Heizgas und seine Bestandteile sind wichtige Rohstoffe für die chemische Industrie.
Erdöl	Stoffgemisch aus verschiedenen Kohlenwasserstoffen, deren Moleküle kettenförmig mit unterschiedlicher Kettenlänge, ringförmig oder verzweigt sind. Erdöl ist ein bedeutender Energieträger und Rohstoff für die chemische Industrie.
Verarbeitung von Erdöl	In Erdölraffinerien wird Erdöl gereinigt und in einzelne Fraktionen durch fraktionierte Destillation getrennt. In weiteren Schritten werden Bestandteile des Erdöls durch Cracken und Reformieren umgewandelt.
Fraktionierte Destillation	Verfahren zur Trennung der einzelnen Rohölbestandteile. In einem Destillationsturm kondensieren die Stoffe mit nahe beieinanderliegenden Siedetemperaturen auf den gleichen Glockenböden zu einer Fraktion.
Cracken	Verfahren der Verarbeitung von schweren Erdölfraktionen. Langkettige Kohlenwasserstoffmoleküle werden zu kleinen kurzkettigen Molekülen gespalten.
Reformieren	Verfahren zur Veredlung von Benzin. Kohlenwasserstoffmoleküle mit unverzweigten Ketten werden zu stärker verzweigten und ringförmigen Molekülen umgewandelt.
Oktanzahl	Maß für die Klopffestigkeit von Motorenbenzin. Je größer der Anteil stark verzweigter Moleküle im Kraftstoff, desto höher ist die Klopffestigkeit. Die Oktanzahl nimmt Werte zwischen 0 (stark klopfend) und 100 (klopffest) an.
Brennstoffe aus nachwachsenden Rohstoffen	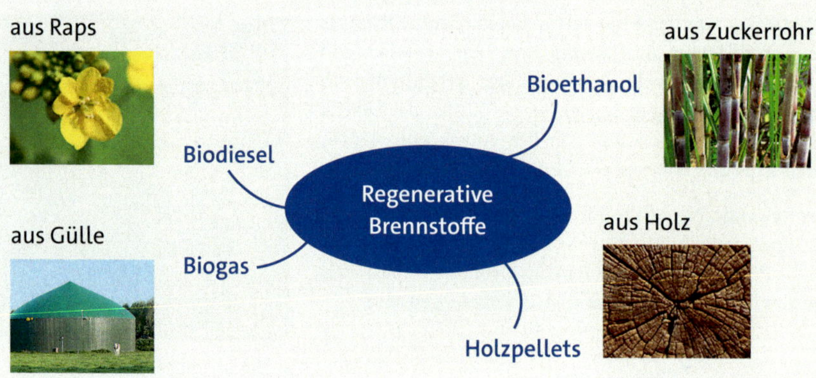

Aufgaben

1 Nennen Sie wesentliche Eigenschaften, die einen Stoff als Brennstoff charakterisieren.

2 Erdöl ist einer der bedeutendsten fossilen Energieträger unserer Erde und kommt meist in großen Lagerstätten vor.

a Entscheiden Sie, ob Erdöl aus besonderen Muttergesteinen oder in dem Muttergestein entstanden ist. Begründen Sie Ihre Ansicht.

b Erklären Sie, weshalb sich kaltes Erdöl nicht entzünden lässt, wohl aber warmes.

3 Rohöl kann von den Verbrauchern noch nicht unmittelbar verwendet werden.

a Verdeutlichen Sie, in welchen Eigenschaften sich die verschiedenen Rohölfraktionen voneinander unterscheiden.

b Geben Sie die Arbeitsschritte an, in denen man aus Rohöl Benzin gewinnt.

c Vergleichen Sie die fraktionierte Destillation im Schülerexperiment mit der in der Erdölraffinerie.

d Erläutern Sie die Vorgänge bei der fraktionierten Destillation.

e Beurteilen Sie die Notwendigkeit der Vakuumdestillation.

f Vergleichen Sie das thermische Cracken mit dem katalytischen Cracken.

4 Ein Auto mit einem Motor, für den der Hersteller die Verwendung von Super-Plus-Benzin (OZ 98) empfiehlt, wird versehentlich mit Superbenzin (OZ 95) betankt.

a Erläutern Sie die Angaben „OZ 95" bzw. „OZ 98".

b Formulieren Sie eine Hypothese zur möglichen Auswirkung der oben beschriebenen Verwechslung für den Automotor.

5 Autogas ist ein alternativer Treibstoff, der aus Propan und Butan besteht (50 g : 50 g).

a Berechnen Sie den Kohlenstoffdioxidausstoß pro Kilometer bei einem Verbrauch von 5 kg auf 100 km.

b Berechnen Sie die Energie für 1 mol ausgestoßenes Kohlenstoffdioxid (Heizwert: $46\,\frac{kJ}{g}$).

c Diskutieren Sie, ob Autogas eine ökologisch sinnvolle Alternative zu Benzin oder Diesel ist.

6 Erdgas ist brennbar und kann daher direkt als Brennstoff verwendet werden.

a Benennen Sie die Hauptbestandteile des Erdgases und formulieren Sie Reaktionsgleichungen für die Verbrennung dieser Bestandteile.

b Beurteilen Sie die Rolle von Erdgas als zunehmend wichtigen Energieträger.

c Stellen Sie die Entstehung von Erdgas in Form eines Fließdiagramms dar.

7 Die Zusammensetzung von Kraftstoffen variiert von Hersteller zu Hersteller und muss den besonderen Bedürfnissen entsprechend angepasst werden. Das Bevorstehen eines besonders kalten Winters veranlasst z. B. die Betreiber einer Erdölraffinerie, die Zusammensetzung ihres Benzins aufgrund der niedrigen Temperaturen zu verändern. Folgende Vorschläge werden diskutiert:
Vorschlag 1: Zusatz von ETBE
Vorschlag 2: Erhöhung des Anteils kurzkettiger Kohlenwasserstoffe
Vorschlag 3: Erniedrigung des Anteils kurzkettiger Kohlenwasserstoffe
Bewerten Sie die Vorschläge.

8 Die Verbrennung fossiler Energieträger führt zu unterschiedlichen Beeinträchtigungen der Umwelt.

a Erklären Sie, inwiefern der natürliche Treibhauseffekt durch das Verbrennen von fossilen Energieträgern verstärkt wird.

b Erläutern Sie, wie der Einsatz von Brennstoffen aus nachwachsenden Rohstoffen die Umweltbelastung senken kann.

c Geben Sie an, wie Sie selbst dazu beitragen können, die Umweltbelastungen zu reduzieren, die durch die Nutzung fossiler Brennstoffe entstehen.

Hilfe zu den Aufgaben finden Sie auf den Seiten ...

1	42	5	49
2	44–45	6	44–45
3	46–47	7	51
4	51	8	52–53

▶ Die Lösungen finden Sie im Anhang.

Material A: Dampffluttechnik

Aufgrund seiner hohen Viskosität lässt sich weniger als ein Drittel des vorhandenen Erdöls in Deutschland ohne besondere Techniken aus den Erdöllagerstätten gewinnen. Deshalb entwickelten die deutschen Erdölproduzenten in den älteren Erdölfeldern die Dampffluttechnik. Dabei wird 300 °C heißer Wasserdampf in die Lagerstätte gepresst. Das zähe Öl erwärmt sich und kann leichter gefördert werden. Durch diese Technik konnte in den letzten Jahren die Förderung aus den älteren Ölfeldern in Niedersachsen auf hohem Niveau annähernd stabil gehalten werden.

A1 Erdölförderung durch Dampffluttechnik

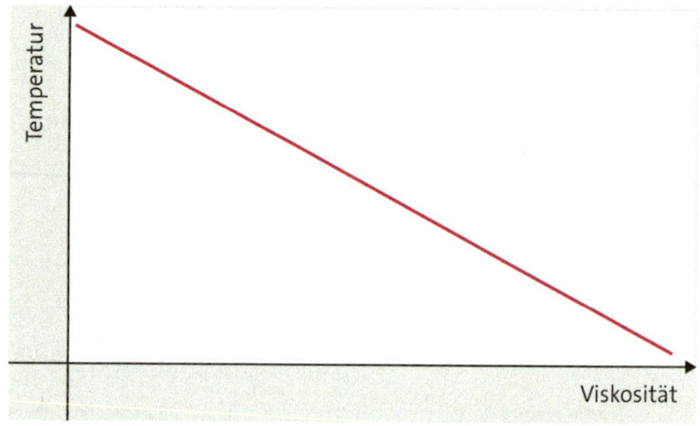

A2 Qualitativer Zusammenhang zwischen Temperatur und Viskosität

1 Erläutern Sie die Zusammenhänge zwischen der unterschiedlichen Viskosität und der Zusammensetzung des Erdöls verschiedener Fundorte.

2 Begründen Sie mithilfe der zwischenmolekularen Kräfte und des Diagramms, weshalb die Dampffluttechnik die Förderung des Erdöls erleichtert (► **A1**, **A2**).

Material B: Der Dieselmotor

Diesel ist eine Fraktion des Erdöls und besteht aus über 300 verschiedenen Kohlenwasserstoffen mit kettenförmigen und ringförmigen Molekülen von 15 bis 20 Kohlenstoffatomen. Mit 200–350 °C hat es im Vergleich zu Benzin einen relativ hohen Siedebereich (Benzin: 80–130 °C). In einer Kältemischung erstarrt Diesel deshalb, während Benzin flüssig bleibt.
Bei vollständiger Verbrennung weisen die Abgase des Dieselmotors aufgrund des großen Luftüberschusses kaum Produkte auf, die bei unvollständiger Verbrennung entstehen (weniger als 0,2 % Kohlenstoffmonooxid). Die hohen Temperaturen und Drücke begünstigen allerdings die Bildung giftiger Stickoxide (NO_x). Bei hoher Leistung kommt es zusätzlich vermehrt zu einer unvollständigen Verbrennung und sogar zur Bildung feiner Rußpartikel. Für die Reinigung der Abgase sind daher Rußpartikelfilter und Abgaskatalysatoren unerlässlich.

Wie beim Ottomotor kann die Arbeitsweise des Dieselmotors in vier Takte unterschieden werden: Im ersten Takt wird nur Luft angesaugt, die im zweiten Takt stark komprimiert wird, wenn sich der Kolben wieder nach oben bewegt. Dabei erwärmt sich die komprimierte Luft auf 750–900 °C. Kurz bevor die Luft am stärksten verdichtet ist, wird Diesel durch eine Düse fein verteilt eingespritzt. Der Treibstoff entzündet sich aufgrund der hohen Temperatur im Zylinder von selbst. Die entstehenden Verbrennungsgase dehnen sich explosionsartig aus und drücken den Kolben im Arbeitstakt abwärts. Im vierten Takt werden die Abgase ausgestoßen.

B1 Dieselmotor als 4-Takt-Motor

1 Erläutern Sie die Arbeitsweise eines Dieselmotors anhand von eigenen Skizzen zu den vier Takten (► **B1**).

2 Begründen Sie die unterschiedlichen Eigenschaften von Diesel und Benzin.

3 Berechnen Sie den Ausstoß an Kohlenstoffdioxid pro km für einen Verbrauch von 5,6 l Diesel auf 100 km. Nehmen Sie an, Diesel besteht vollständig aus Heptadecan ($C_{17}H_{36}$).

Material C: Biodiesel – ein alternativer Treibstoff?

Position 1: Um Biodiesel am Markt eine Chance zu eröffnen, sind hohe Subventionen erforderlich. Biodiesel ist zwar grundsätzlich zur Verringerung der Freisetzung von Kohlenstoffdioxid geeignet, aber aufgrund seiner schlechten Kosteneffizienz und der hohen Kosten für die Umrüstungen von Diesel-Pkw und Diesel-Lkw normalen Diesel unterlegen. Um den Diesel komplett durch Biodiesel zu ersetzen, müsste man etwa zwei Drittel der Bundesrepublik mit Rapsfeldern besetzen.

Position 2: Die Biodieseltechnologie ist wirtschaftlich. Mit dem Verkaufserlös werden die gesamten Herstellungs- und Verteilungskosten abgedeckt. Zusätzlich werden die fossilen, nicht erneuerbaren Energieressourcen geschont, da 60 % weniger fossile Energieträger benötigt werden, um Biodiesel herzustellen. Wird 1 kg Diesel durch Biodiesel ersetzt, so vermindert sich die Emission von Klimagasen – unter Berücksichtigung der Nebenprodukte – um 3,5 bis 4,0 kg Kohlenstoffdioxid.

C1 Wirtschaftlichkeit von Biodiesel – zwei Positionen

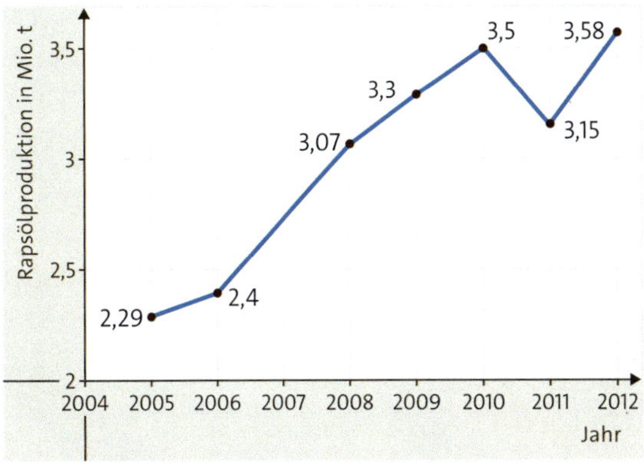

C2 Rapsölproduktion in Deutschland

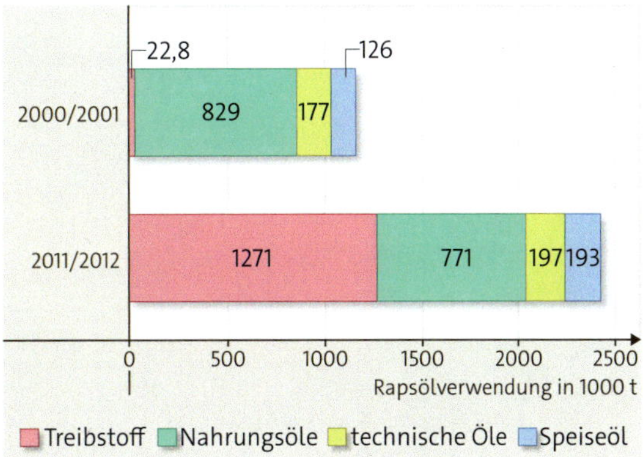

C3 Verwendung von Rapsöl in Deutschland

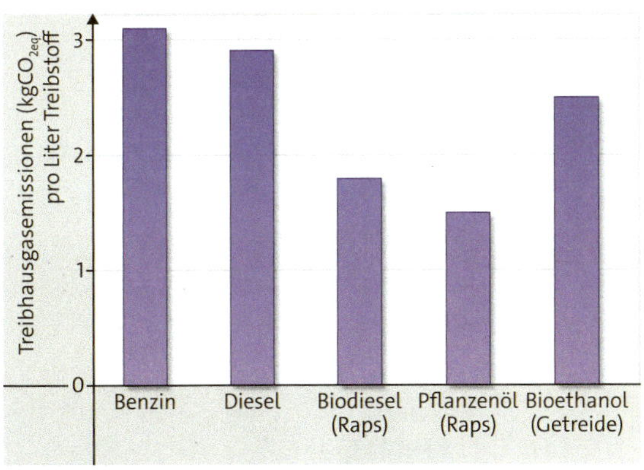

C4 Treibhausgasemissionen ($kgCO_{2eq}$) verschiedener Treibstoffe im Vergleich

1 Beschreiben Sie die Produktionsentwicklung und die Verwendungsmöglichkeiten von Rapsöl.

a Fassen Sie dazu die Aussagen aus ▸ **C2** und ▸ **C3** zusammen.

b Erläutern Sie die in ▸ **C4** dargestellten Zusammenhänge.

c Beurteilen Sie auch unter Einbezug von ▸ **C1**, ob Biodiesel ökologischer und wirtschaftlicher ist als herkömmlicher Diesel.

2 Ordnen Sie die Positionen zur Wirtschaftlichkeit von Biodiesel (▸ **C1**) folgenden Organisationen zu und begründen Sie Ihre Entscheidung:
- Gesellschaft für Entwicklungstechnologie
- Gesellschaft für Erdöl-, Erdgas- und Kohleforschung

Alkohole und ihre Oxidationsprodukte

Der Begriff Alkohol umfasst mehr als alkoholische Getränke. Desinfektionsmittel, Cremes und Frostschutzmittel enthalten Stoffe, die auch als Alkohol bezeichnet werden. Entscheidend ist die Struktur der Moleküle.
Ob in Organismen oder im Reagenzglas: Aus Alkoholen entstehen durch chemische Reaktionen zahlreiche Produkte wie Aceton, Essig, Klebstoffe oder wohlriechende Aromen. Pflanzen und Insekten setzen sich mit einer aus einem Alkohol herstellbaren Säure zur Wehr.

Eigenschaften von Ethanol

Exp. 1 Einige Eigenschaften von Ethanol

2 7

Vorsicht! Entzündungsgefahr! Ermitteln Sie Geruch, Farbe und Dichte von Ethanol (GHS 2|7) bei Zimmertemperatur. Bestimmen Sie anschließend mit einem Wasserbad die Siedetemperatur. Beschreiben Sie Ihre Beobachtungen und vergleichen Sie Ihre Ergebnisse mit den Angaben aus einem Tabellenwerk.
Entsorgung: Reste von Ethanol zur weiteren Verwendung einsammeln.

Exp. 2 Vergleich der Verdunstung von Ethanol mit der von Wasser

2 7

Füllen Sie Ethanol (GHS 2|7) bzw. Wasser ca. 2 cm hoch in je ein Reagenzglas. Halten Sie ein Thermometer so lange in die jeweilige Flüssigkeit, bis sich die Temperaturanzeige nicht mehr ändert, und notieren Sie den Wert. Bewegen Sie das Thermometer dann für ca. 30 Sekunden an der Luft hin und her, damit die Flüssigkeit schnell verdunstet, und lesen Sie erneut die Temperatur ab. Vergleichen Sie die Temperaturänderungen für beide Stoffe und suchen Sie nach einer Erklärung.
Entsorgung: Reste von Ethanol zur weiteren Verwendung einsammeln.

Exp. 3 Mischbarkeit von Ethanol mit Wasser und Heptan

2 7 8 9

Achtung! Keinen Brennspiritus verwenden! Füllen Sie zwei Reagenzgläser ca. 2 cm hoch mit Ethanol (GHS 2|7). Geben Sie in eines das gleiche Volumen Wasser und in das andere das gleiche Volumen Heptan (GHS 2|8|7|9). Verschließen Sie die Reagenzgläser, schütteln Sie vorsichtig und beobachten Sie.
Vereinigen Sie jetzt die beiden Mischungen in einem Reagenzglas und schütteln Sie es erneut.
Notieren Sie Ihre Beobachtung und ziehen Sie eine Schlussfolgerung.
Entsorgung: Reste in den Behälter für halogenfreie organische Abfälle geben.

Exp. 4 Volumen- und Temperaturänderung beim Mischen von Ethanol und Wasser

2 7

Achtung! Keinen Brennspiritus verwenden! Entnehmen Sie mit Pipetten aus zwei gleich temperierten Vorratsgefäßen (Temperatur messen!) genau 10 ml Ethanol (GHS 2|7) und genau 10 ml Wasser. Mischen Sie beide in einem möglichst kleinen Messzylinder.

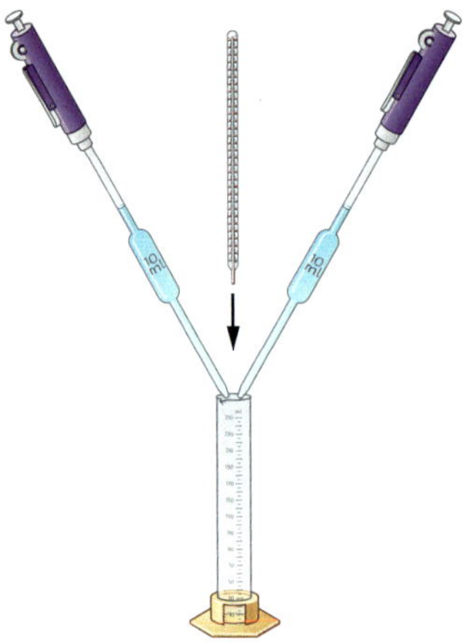

Lesen Sie das Volumen der Mischung genau ab und messen Sie dann gleich erneut die Temperatur. Erklären Sie mithilfe von zwischenmolekularen Kräften Ihre Beobachtungen.
Entsorgung: Die Mischung für Exp. 6 aufheben.

Exp. 5 Löslichkeit von Kochsalz in Ethanol und Ethanol-Wasser-Gemischen

2 7

Füllen Sie ein Reagenzglas ca. 2 cm hoch mit Ethanol (GHS 2|7), geben Sie einige Kochsalzkristalle hinzu und versuchen Sie diese zu lösen.
Geben Sie nun das gleiche Volumen einer klaren, gesättigten, wässrigen Kochsalzlösung hinzu und vermischen Sie die Lösungen durch kurzes Schütteln. Halten Sie das Reagenzglas ruhig und beobachten Sie. Ziehen Sie aus dem Versuch Schlussfolgerungen über den Einfluss des Ethanolanteils auf die Löslichkeit von Kochsalz in Wasser-Ethanol-Gemischen.
Entsorgung: Reste in das Abwasser geben.

Exp. 6 Elektrische Leitfähigkeit und pH-Wert einer wässrigen Ethanollösung

Stellen Sie eine Vermutung auf, ob die Lösung den elektrischen Strom leitet und ob diese sauer, neutral oder alkalisch reagiert. Überprüfen Sie die Vermutung experimentell: Bauen Sie dazu eine Apparatur auf wie in der Skizze und messen Sie die elektrische Leitfähigkeit der wässrigen Ethanollösung aus Exp. 4 (GHS 2|7).

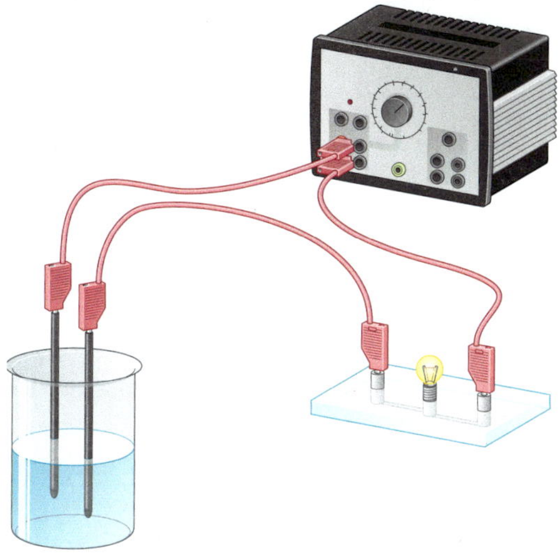

Geben Sie anschließend fünf Tropfen Universalindikator in ein Reagenzglas mit etwa 2 cm der Lösung. Bestimmen Sie aus der Farbe der Indikatorlösung den pH-Wert und bewerten Sie Ihre Vermutung.
Entsorgung: Lösung mit Indikator in das Abwasser geben, übrige Ethanollösung für Exp. 7 aufheben.

Exp. 7 Brennbarkeit von Ethanol-Wasser-Gemischen

Stellen Sie zwei Ethanol-Wasser-Gemische her, bei denen der Volumenanteil des Ethanols (GHS 2|7) 70 % bzw. 30 % beträgt. Verwenden Sie zusätzlich das Gemisch aus Exp. 6 mit 50 % Ethanol.
Geben Sie jeweils 5 ml eines Gemischs in je eine Porzellanschale. Versuchen Sie die Gemische mit einem brennenden Holzspan zu entzünden.
Beobachten Sie, ob sich die Gemische entzünden lassen und wie lange sie brennen. Leiten Sie Schlussfolgerungen über die Brennbarkeit von Ethanollösungen ab.
Entsorgung: Reste in das Abwasser geben.

Exp. 8 Bestimmung des Flammpunkts von Ethanol

Kühlen Sie 10 ml Ethanol (GHS 2|7) auf 5 °C ab. Geben Sie dazu das Ethanol in eine Porzellanschale, die in einem Eis-Wasser-Bad in einer Kristallisierschale schwimmt.

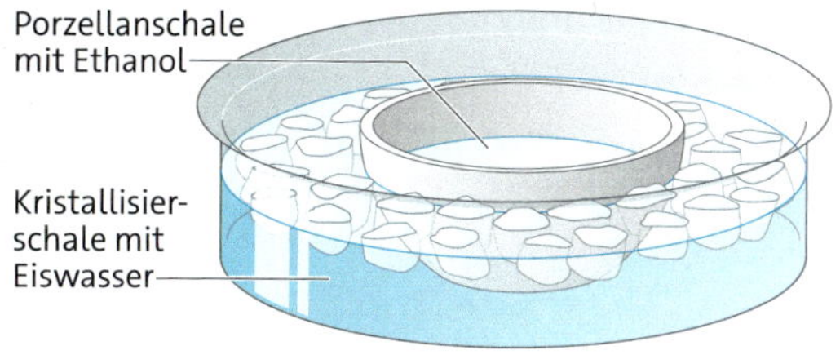

Nehmen Sie die Porzellanschale aus dem Bad heraus und versuchen Sie, das Ethanol mit einem brennenden Holzspan zu entzünden. Falls es nicht gelingt, wiederholen Sie den Entzündungsversuch bei 7 °C, 9 °C usw. Notieren Sie die Temperatur, bei der erstmals die Entzündung der Dämpfe gelingt.
Entsorgung: Reste von Ethanol zur weiteren Verwendung einsammeln.

Exp. 9 Analyse der Verbrennungsprodukte von Ethanol

Geben Sie auf einen Verbrennungslöffel Ethanol (GHS 2|7) und entzünden Sie es. Tauchen Sie den Verbrennungslöffel in einen sauberen, trockenen Erlenmeyerkolben und verschließen Sie ihn mit einem passenden Stopfen.

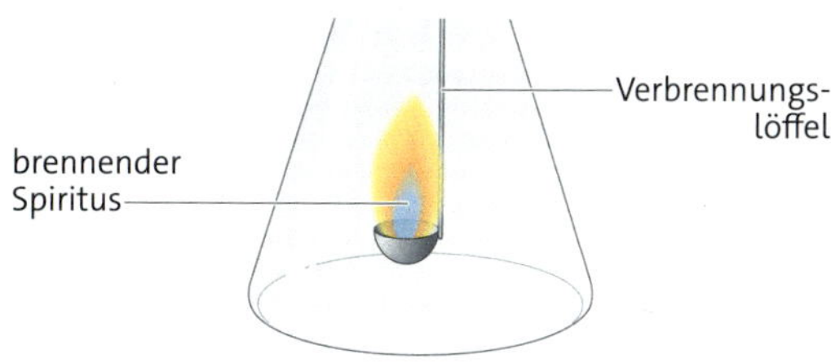

Lassen Sie den Erlenmeyerkolben nach beendeter Verbrennung abkühlen, bis sich auf der Innenwand des Erlenmeyerkolbens ein Reaktionsprodukt abgeschieden hat. Öffnen Sie den Kolben kurz und wischen Sie ihn schnell mit einem Stück Watesmo-Papier aus. Geben Sie dann etwa 10 ml Kalkwasser (GHS 5|7) in den Kolben. Verschließen Sie ihn wieder, schütteln und beobachten Sie die Lösung.
Entsorgung: Reste in das Abwasser geben.

Ethanol

Wurde dir schon mal Blut abgenommen oder bist du geimpft worden? Dann kennst du den Vorgang bereits: Kurz vor dem Einstich wird noch eine Flüssigkeit auf die Haut gesprüht oder getupft.

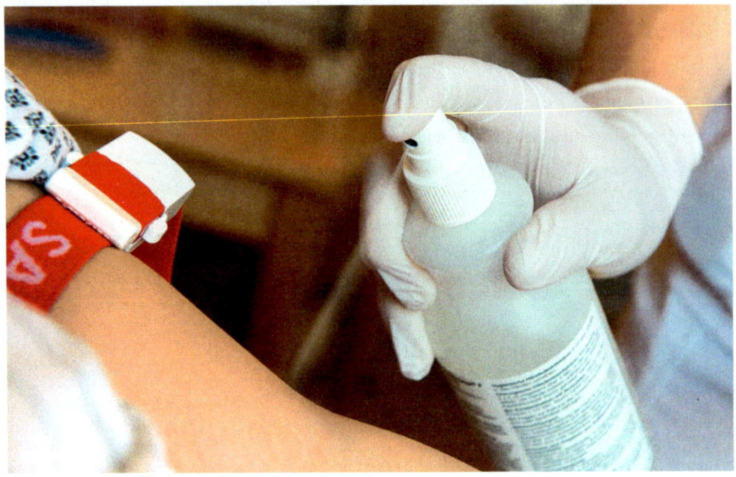

1 Hautdesinfektion kurz vor einer Blutentnahme

Eigenschaften	Ethanol
Siedetemperatur	78 °C
Schmelztemperatur	–114 °C
Flammpunkt	12 °C
Dichte bei 20 °C	$0{,}79 \frac{g}{cm^3}$

2 Einige Stoffeigenschaften von Ethanol (bei Normaldruck)

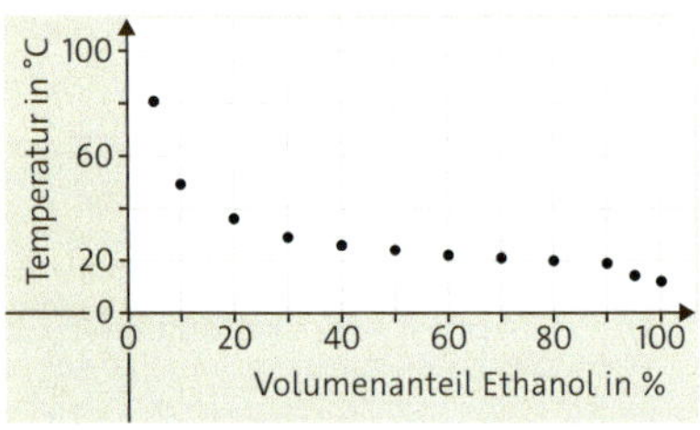

3 Flammpunkte von Ethanol-Wasser-Gemischen

Exp. 10 | **L**

Reaktion von Ethanol mit Magnesium

Ethanoldämpfe (GHS 2|7) werden über stark erhitzte Magnesiumspäne (GHS 2) geleitet. Das entweichende Gas wird entzündet.

Ethanol im Alltag Medizinische Desinfektionslösungen besitzen einen charakteristischen Geruch und bewirken auf den benetzten Stellen der Haut ein Kälteempfinden (▸ Exp. 2, S. 62). Ein Blick auf das Etikett zeigt, dass Ethanol ein Bestandteil der Flüssigkeit ist. Das ist die gleiche chemische Verbindung, die in unterschiedlichen Konzentrationen in Bier, Wein und Spirituosen vorkommt. Viele Arzneimittel und Kosmetika enthalten Ethanol als Lösungsmittel. Außerdem ist es mit einem Volumenanteil bis zu 10 % im „E10-Benzin" und mit über 90 % im Haushaltsspiritus, einem Reinigungsmittel, enthalten.

Eigenschaften von Ethanol Ethanol ist eine bei Raumtemperatur und Normaldruck farblose, leichtflüchtige Flüssigkeit mit einem charakteristischen, süßlich stechenden Geruch (▸ Exp. 1, S. 62). Es brennt an der Luft mit blauer Flamme (▸ Exp. 7, 8, S. 63). Die unterschiedlichen Anwendungen von Ethanol beruhen auf seinen physikalischen und chemischen Eigenschaften.

Die verschieden konzentrierten alkoholischen Getränke zeigen, dass sich Ethanol und Wasser in jedem Verhältnis mischen. Ethanol ist hydrophil (▸ Exp. 3, S. 62). Ethanol-Wasser-Gemische mit einem Volumenanteil über 45 % sind bei Raumtemperatur entzündbar (▸ Exp. 7, S. 63; ▸ **3**). Das Mischungsbestreben von Ethanol und Wasser ist so groß, dass Ethanol sogar gelöstes Kochsalz aus einer wässrigen Lösung „verdrängt" (▸ Exp. 5, S. 62).

Ethanol mischt sich aber auch in jedem beliebigen Verhältnis mit Alkanen. So existiert neben der Benzinsorte „E10", die in Deutschland zu haben ist, auch „E85" mit 85 % Ethanol, das in Brasilien einen großen Anteil am Treibstoffmarkt hat. Ethanol ist somit auch lipophil, wobei es sich bereitwilliger in Wasser als in Heptan löst (▸ Exp. 3, S. 62).

Strukturformel des Ethanolmoleküls Wenn Ethanol vollständig verbrennt, entstehen Wasser und Kohlenstoffdioxid (▸Exp. 9, S. 63). Da bei der Reaktion von Ethanol mit Magnesium Magnesiumoxid entsteht, muss es sich um eine Verbindung der Elemente Kohlenstoff, Wasserstoff und Sauerstoff handeln (▸Exp. 10). Untersucht man die elementare Zusammensetzung, so findet man für Ethanol die Molekülformel C_2H_6O. Dazu gibt es zwei mögliche Strukturformeln (▸**4**):

Strukturformel I erklärt die Eigenschaften von Ethanol besser als Strukturformel II. Durch die **Hydroxygruppe (OH-Gruppe)** ist Ethanol dem Wasser ähnlich, z. B. in der Reaktion mit Natrium, bei der Wasserstoff entsteht (▸Exp. 11). Durch die polare Hydroxygruppe können sich Wasserstoffbrücken ausbilden. Zwischen Ethanolmolekülen und Wassermolekülen sind sie so stark, dass sich beim Mischen der Stoffe das Volumen verringert und sich die Lösung erwärmt (▸Exp. 4, S. 62; ▸**5**). Die Lösung leitet den elektrischen Strom nicht und ist pH-neutral (▸Exp. 6, S. 63). Anders als Natriumhydroxid, das beim Lösen in Wasser Hydroxid-Ionen freisetzt, spalten Ethanolmoleküle in wässriger Lösung keine Hydroxid-Ionen ab.
Der Ethylrest ($CH_3–CH_2–$) ist für die Mischbarkeit von Ethanol mit Alkanen verantwortlich, da zwischen dem Ethylrest und den Alkanmolekülen Van-der-Waals-Kräfte wirken.

Herstellung von Ethanol Das wichtigste Verfahren zur Herstellung von Ethanol ist die alkoholische Gärung von Lösungen, die Traubenzucker enthalten oder in denen er entstehen kann. Katalysiert durch verschiedene Enzyme, die von Hefepilzen produziert werden, wird der Traubenzucker in Kohlenstoffdioxid und Ethanol umgewandelt.

$$\underset{\text{Traubenzucker}}{C_6H_{12}O_6} \xrightarrow{\text{Enzyme}} \underset{\text{Ethanol}}{2\ C_2H_5OH} + \underset{\text{Kohlenstoffdioxid}}{2\ CO_2}$$

Bei der alkoholischen Gärung entstehen Ethanollösungen mit einem Volumenanteil von maximal 18 %. Bei höherem Volumenanteil sterben die Hefepilze. Ethanol kann aber auch bei erhöhtem Druck und mittels eines Katalysators aus Ethen und Wasser synthetisiert werden.

I
II
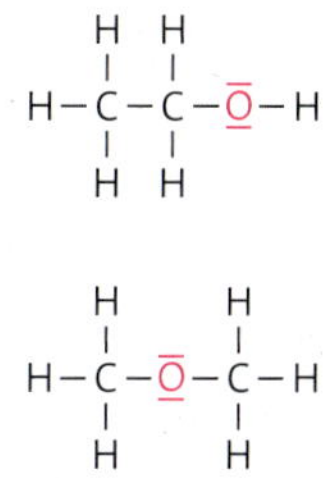

4 Mögliche Strukturformeln zur Molekülformel C_2H_6O

Exp. 11 | **L**

Reaktion von Ethanol mit Natrium

Ein kleines Stück Natrium (GHS 2|5) wird in einem Reagenzglas zu Ethanol (GHS 2|7) gegeben. Das entstehende Gas wird aufgefangen und eine Knallgasprobe durchgeführt.

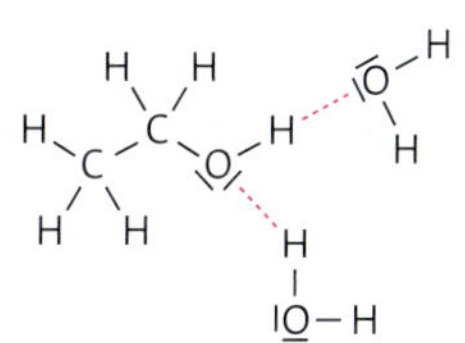

5 Wasserstoffbrücken zwischen Ethanolmolekülen und Wassermolekülen

Aufgaben

1 Erkunden Sie ethanolhaltige Stoffe (z. B. Medikamente, Reinigungsmittel; keine Getränke!). Erstellen Sie eine Tabelle mit den Namen und den Alkoholgehalten ethanolhaltiger Stoffe. Führen Sie die Verwendung auf die Eigenschaften von Ethanol zurück.

2 Wasser hat bei 20 °C eine Dichte von $1{,}00\,\frac{g}{cm^3}$, Ethanol eine von $0{,}79\,\frac{g}{cm^3}$. Begründen Sie, ob die Dichte einer Ethanollösung mit einem Volumenanteil an Ethanol von 50 % größer als, kleiner als oder gleich dem Mittelwert ist.

3 Ein Stoff gilt als leicht entzündlich und damit als Gefahrstoff, wenn sein Flammpunkt unter 21 °C liegt.

a Erstellen Sie die Reaktionsgleichung für die vollständige Verbrennung von Ethanol.

b Begründen Sie, ob Rotwein mit einem Volumenanteil an Ethanol von 12 % brennbar ist. Entscheiden Sie, ob ein Transporter, der Weinbrand (38 % Ethanolgehalt) oder Rum (80 %) transportiert, als Gefahrstofftransport gekennzeichnet werden muss.

Ethanol – Genussmittel, Gefahrstoff und Suchtpotenzial

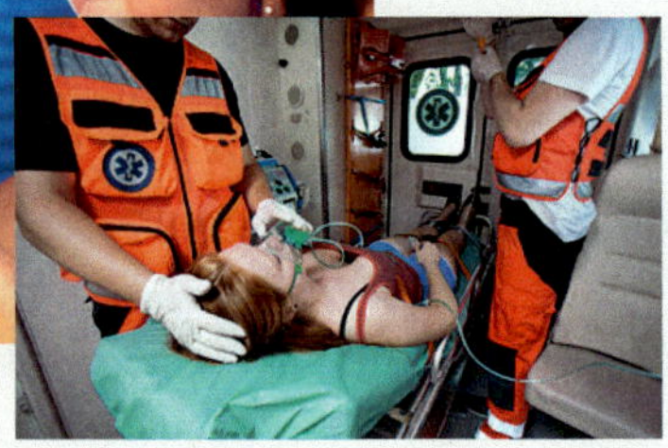

1 Erwünschte und unerwünschte Wirkungen von Ethanol

Die Party ist in vollem Gange, alle Leute unterhalten sich gut. Die servierten Cocktails kommen bei den Gästen gut an – haben sie zur lockeren Stimmung beigetragen? Einige Zeit später: Einer der Gäste muss sich übergeben und kann ohne fremde Hilfe nicht mehr stehen. Nachdem er nicht mehr ansprechbar ist, ruft der Gastgeber den Notarzt. Waren die Getränke daran schuld?

Konsum alkoholischer Getränke Im Durchschnitt trinkt jeder Deutsche pro Jahr ca. 140 Liter Bier, Wein und Spirituosen und nimmt damit 7,5 kg Ethanol zu sich. Ethanol ist hydrophil und lipophil. Es löst sich im wässrigen Körpergewebe besser als im Fettgewebe, kann aber die aus Fetten bestehenden Membranen von Zellen durchdringen. Etwa 1–2 Stunden nach dem Konsum eines alkoholischen Getränks hat sich das Ethanol im Körper verteilt. Ein voller Magen verzögert die Resorption des Ethanols. Kohlensäure und Zucker verstärken sie, weil sie die Blutzirkulation beschleunigen.

Blutalkoholkonzentration Der Ethanolgehalt im Blut wird durch die Blutalkoholkonzentration, BAK in Promille (‰), angegeben.

Getränk	Ethanolgehalt	*m*(Ethanol)
Vollbier	5 Vol.-%	19,8 g in 0,5 l
Alcopop	5,5 Vol.-%	13,0 g in 0,3 l
Wein	12 Vol.-%	23,7 g in 0,25 l
Wodka	40 Vol.-%	6,4 g in 0,02 l

2 Beispiele für Ethanolgehalt und Ethanolmasse verschiedener Getränke

$$\text{BAK} = \frac{m(\text{Ethanol im Blut})}{m(\text{Blut})}$$

Nimmt man an, dass der Körper von Männern zu 70 % und der von Frauen zu 60 % aus wässrigen Lösungen besteht, in denen sich das konsumierte Ethanol verteilt, so gilt auch:

$$\text{BAK} = \frac{m(\text{Ethanol, getrunken})}{m(\text{Körper}) \cdot F}$$

(*F*: geschlechtsspezifischer Wasseranteil)

Wenn ein 70 kg schwerer Mann einen halben Liter Vollbier trinkt, wie groß wird dann seine BAK maximal? Im Bier sind 19,8 g Ethanol enthalten (▸ 2). Mit der Dichte von Ethanol [$\varrho(\text{Ethanol}) = 0{,}79\,\frac{\text{g}}{\text{ml}}$] kann diese auch berechnet werden:

$$m(\text{Ethanol}) = 0{,}05 \cdot 500\,\text{ml} \cdot 0{,}79\,\frac{\text{g}}{\text{ml}} = 19{,}75\,\text{g}$$

Daraus ergibt sich dann eine BAK von:

$$\text{BAK} = \frac{19{,}75\,\text{g}}{70\,\text{kg} \cdot 0{,}7} = \frac{0{,}4\,\text{g}}{\text{kg}} = 0{,}4\,‰$$

Etwa 5 % des aufgenommenen Ethanols werden durch Ausatmung abgegeben („Alkoholfahne") oder mit dem Schweiß bzw. Urin ausgeschieden. Die übrige Menge wird im Magen und in der Leber zu Folgeprodukten umgewandelt. Pro Stunde und pro Kilogramm Körpergewicht werden ca. 0,1 g Ethanol vom Körper abgebaut und der Ethanolgehalt im Blut um 0,14 ‰ vermindert.

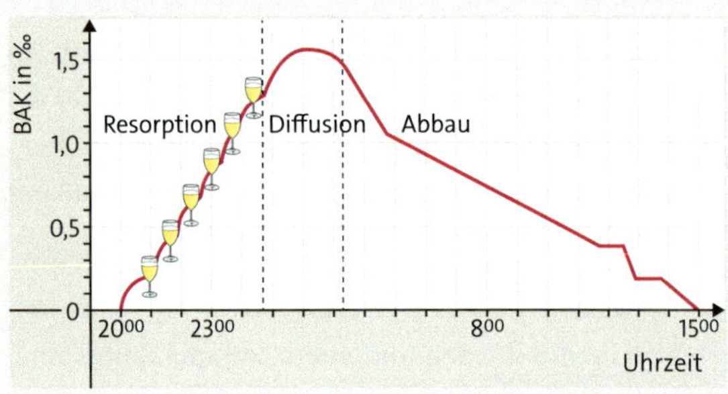

3 Abbau von Ethanol im menschlichen Körper

Wirkungen von Ethanol im Körper Ethanol und seine Stoffwechselprodukte haben vielfältige Wirkungen auf den menschlichen Körper (▸4). Während man sich bis zu einer BAK von 0,5 ‰ entspannt fühlt, lassen darüber Seh- und Reaktionsvermögen sowie Selbstbeherrschung nach. Ab 3,0 ‰ kann es zur Bewusstlosigkeit kommen.

Außer dem Einfluss auf Nervenzellen und Hormone ist auch die Rolle von Ethanol als Nährstoff zu beachten. 1 kg Ethanol hat einen Brennwert von knapp 30 000 kJ ≈ 7150 kcal. Diese Energiemenge entspricht in gespeicherter Form 1 kg Körperfettgewebe. Wer einen großen Teil seines Flüssigkeitsbedarfs über alkoholische Getränke abdeckt, läuft Gefahr, übergewichtig zu werden.

Info 1

Alkoholrausch und Alkoholismus

Etwa ein Drittel der 16- und 17-Jährigen nimmt einmal monatlich vier oder mehr alkoholische Getränke zu sich („Rauschtrinken", „Komasaufen", Binge-Drinking). Bei 8 % der Befragten einer Studie der Bundeszentrale für gesundheitliche Aufklärung war das viermal oder häufiger im Monat der Fall. Pro Jahr werden in Deutschland über 120 000 Personen aufgrund einer Alkoholvergiftung stationär in einem Krankenhaus behandelt. Davon sind mehr als 25 000 Kinder und Jugendliche im Alter von 10 bis 19 Jahren.

Ethanol wirkt als Droge, sein Konsum kann nicht nur zur psychischen, sondern auch zur körperlichen Abhängigkeit, dem Alkoholismus, führen. Der Organismus passt sich teilweise an die Zufuhr von Ethanol an. Das hat zur Folge, dass zum Erreichen einer erwünschten Wirkung immer größere Mengen alkoholischer Getränke konsumiert werden müssen.

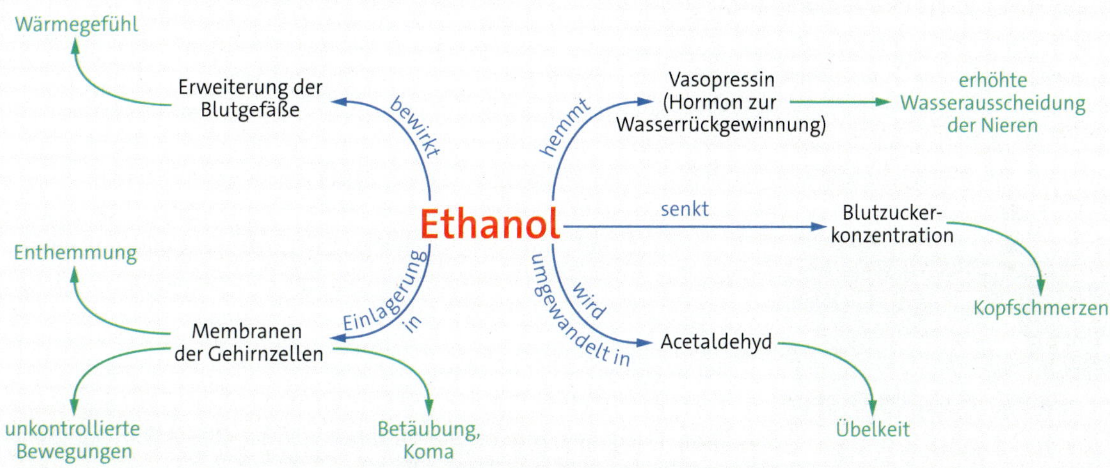

4 Schema für einige kurzfristige Wirkungen von Ethanol im Körper

Aufgaben

1 Erklären Sie den Befund, dass der Konsum von Bier zu einem größeren Harndrang führt als das Trinken des gleichen Volumens an Mineralwasser.

2 Ein Freund, der so schwer ist wie Sie, hat schnell einen halben Liter Wodka getrunken.
  a Schätzen Sie die BAK in seinem Blut zwei Stunden nach dem Trinken ab.
  b Schlagen Sie Maßnahmen vor.

3 „Frauen vertragen weniger Alkohol als Männer" ist eine bekannte Behauptung. Ein Grund für eine höhere BAK bei Frauen ist ein im Magen befindliches Ethanol abbauendes Enzym. Es ist bei Männern aktiver als bei Frauen. Erläutern Sie weitere Gründe.

4 Bewerten Sie die folgende Aussage: „Das Leben von Personen, die in kalten Nächten exzessiv alkoholische Getränke konsumieren, ist gefährdet."

Alkanole

Von alkoholischen Getränken können manchmal noch andere Gefahren ausgehen, wie der nebenstehende Zeitungsartikel zeigt.

Methanol
CH_3OH

Gefahrenhinweise
H225 Flüssigkeit und Dampf leicht entzündbar.
H331 Giftig beim Einatmen.
H311 Giftig bei Hautkontakt.
H301 Giftig bei Verschlucken.
H370 Schädigt die Organe.

Gefahr

„Bei einer Klassenfahrt im März 2009 war einer Schülergruppe aus Lübeck ... gepanschter Alkohol serviert worden. Ein 21-Jähriger starb an einer Methanolvergiftung, ein 17- und ein 19-Jähriger fielen ins Koma und starben später in der Uniklinik Lübeck. Die Schüler hatten den Schnaps nach eigenen Angaben in ihrem Hotel gekauft."

1 Methanol ist ein Gefahrstoff.

Methanol – Verwandter des Ethanols Methanol ist eine Verbindung, die ähnliche Eigenschaften hat wie Ethanol (Brennbarkeit, Löslichkeit u. a.). Wie das Ethanolmolekül enthält auch das Methanolmolekül eine Hydroxygruppe. Diese ist jedoch an einen Methyl- statt an einen Ethylrest gebunden (▸**3**).

Methanol wird im menschlichen Körper durch Stoffwechselvorgänge in giftige Stoffe umgewandelt. Bereits eine Aufnahme von mehr als 100 mg Methanol pro Kilogramm Körpergewicht gilt als gefährlich (▸**1**).
Industriell wird Methanol heute in großem Maßstab aus Kohlenstoffmonooxid und Wasserstoff synthetisiert. Es ist Ausgangsstoff für die Herstellung von Farb- und Kunststoffen sowie Arzneimitteln und Treibstoffen auf Pflanzenölbasis.

Schon gewusst?
Methanol wurde früher Holzgeist genannt, weil es aus Holz durch Erhitzen unter Luftausschluss gewonnen werden kann. Als Benzin nach dem Zweiten Weltkrieg in Deutschland knapp und teuer war, ersetzte man es mit der Holzvergasertechnik u. a. durch Methanol.

2 Auto mit Holzvergaser

Homologe Reihe der Alkanole Methanol und Ethanol gehören zur Stoffklasse der **Alkohole.** Ihre Gemeinsamkeit ist die Hydroxygruppe im Molekül. Sie ist das wesentliche Strukturmerkmal aller Alkoholmoleküle und wird deshalb als **funktionelle Gruppe** der Alkohole bezeichnet. Eine Untergruppe der Alkohole, die strukturell eng mit den Alkanen verwandt ist, wird als **Alkanole** bezeichnet.
Ein Alkanolmolekül erhält man, indem man in einem Alkanmolekül ein Wasserstoffatom durch eine Hydroxygruppe (–OH) ersetzt.
Wie die Alkane bilden auch die Alkanole eine homologe Reihe, in der sich zwei aufeinanderfolgende Moleküle um eine CH_2-Gruppe unterscheiden, um die die Kette verlängert wird. Ihre allgemeine Molekülformel ist $C_nH_{2n+1}OH$. Die Hydroxygruppe ist dabei immer an ein endständiges Kohlenstoffatom der Moleküle gebunden (▸**4**).

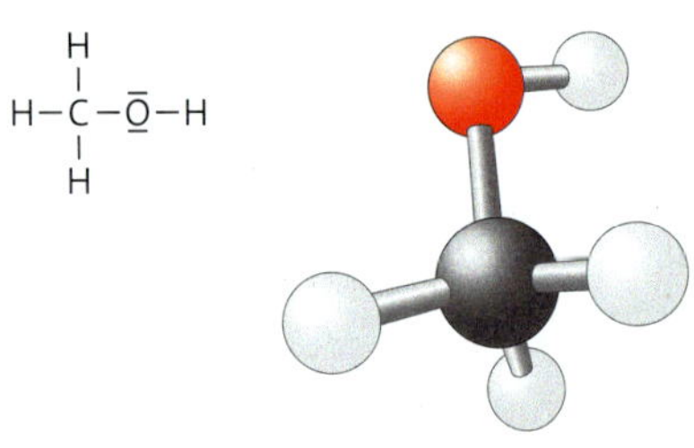

3 Strukturformel und Modell des Methanolmoleküls

Die Alkanole bilden eine homologe Reihe mit der allgemeinen Molekülformel $C_nH_{2n+1}OH$.

Exp. 12 **Löslichkeit von Alkanolen**

Geben Sie einige Tropfen Propan-1-ol (GHS 2|5|7), Butan-1-ol (GHS 2|5|7) und Octan-1-ol (GHS 7) in jeweils 1 ml Wasser bzw. Heptan (GHS 2|8|7|9).
Vergleichen Sie die Löslichkeit der Alkanole. Beschreiben Sie, wie sich die drei Alkanole in Wasser und in Heptan lösen.
Entsorgung: In den Behälter für halogenfreie organische Abfälle geben.

Alkanol	Formel	ϑ_V in °C
Methanol	CH_3OH	65
Ethanol	C_2H_5OH	78
Propan-1-ol	C_3H_7OH	97
Butan-1-ol	C_4H_9OH	118
Hexan-1-ol	$C_6H_{13}OH$	156
Dodecan-1-ol	$C_{12}H_{25}OH$	259
Hexadecan-1-ol	$C_{16}H_{33}OH$	312

4 Formeln und Siedetemperaturen ϑ_V in der homologen Reihe der Alkanole

Struktur-Eigenschafts-Beziehung bei Alkanolen Innerhalb der Reihe nehmen die Siedetemperatur (▸**4**) und die Zähflüssigkeit mit der Länge der Alkylgruppe zu. Das liegt an der zunehmenden Moleküloberfläche und den damit stärker werdenden zwischenmolekularen Kräften.
Alkanole mischen sich mit lipophilen Stoffen wie Heptan. Der Grund sind die gleichartigen unpolaren Molekülteile, zwischen denen schwache Van-der-Waals-Kräfte wirken (▸Exp. 12).

Mit Wasser mischen sich nur Alkanole mit kurzen Alkylgruppen unbegrenzt. Bei den übrigen Alkanolen gilt: Die Wasserlöslichkeit sinkt mit steigender Anzahl der Kohlenstoffatome im Molekül (▸Exp. 12). Die polare Hydroxygruppe des Alkanolmoleküls kann zwar Wasserstoffbrücken zu Wassermolekülen bilden. Der unpolare Alkylrest kann mit seiner Umgebung aber nur über schwache Van-der-Waals-Kräfte in Wechselwirkung treten. Mit zunehmender Größe unterbricht der Alkylrest immer häufiger die starken Wasserstoffbrücken zwischen den Wassermolekülen (▸**5**).

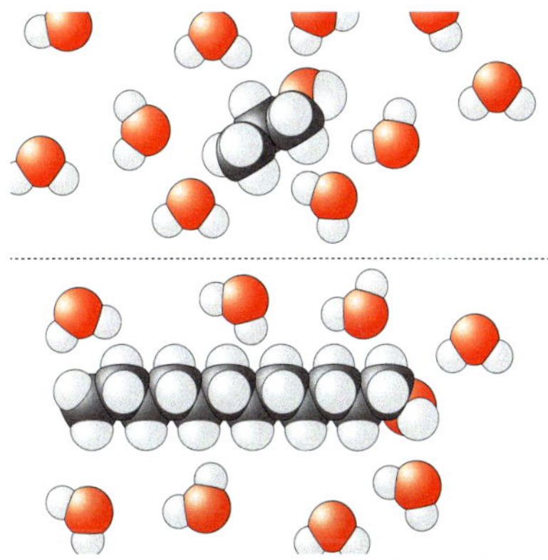

5 Modelldarstellung der Lösungen von Propan-1-ol und Dodecan-1-ol in Wasser im Vergleich

Alkanole brennen an der Luft, ihre Flammpunkte steigen mit der Kettenlänge der Moleküle. Methanol ist leicht entzündlich, Dodecan-1-ol aber nicht. Bei der vollständigen Verbrennung von Alkanolen entstehen nur Kohlenstoffdioxid und Wasser. Mit zunehmender Kettenlänge der Moleküle wird die Verbrennung unvollständig und die Flamme leuchtet wegen der glühenden Kohlenstoffpartikel (▸**6**).

6 Brennendes Methanol (links) und Butan-1-ol (rechts)

Eine funktionelle Gruppe ist ein wesentliches Strukturmerkmal der Moleküle eines Stoffes. Sie bestimmt die Eigenschaften des Stoffes mit. Die Hydroxygruppe (–OH) ist die funktionelle Gruppe der Alkanole.

Aufgaben

1 a Tragen Sie in einem Diagramm die Siedetemperaturen der Alkanole gegen die molare Masse auf (▸**4**).
b Schätzen Sie mithilfe des Diagramms die Siedetemperaturen von Octan-1-ol und von Decan-1-ol. Recherchieren Sie die Werte und vergleichen Sie diese mit Ihren Schätzungen.

2 a Erklären Sie auf der Teilchenebene die Zunahme der Siedetemperaturen in der homologen Reihe der Alkanole.
b Begründen Sie den Unterschied der Siedetemperaturen von Methanol (65 °C) und Ethan (–89 °C), obwohl beide Moleküle die gleiche Elektronenanzahl haben.

Noch gewusst?
Isomere sind Verbindungen, deren Moleküle die gleiche Molekülformel, aber verschiedene Strukturformeln haben. Sie unterscheiden sich meistens in ihren physikalischen und chemischen Eigenschaften.

Schon gewusst?
Das im Pfefferminzöl enthaltene Menthol ist ein Alkohol. Es ist für den frischen Geschmack verantwortlich und wird z. B. Kaugummi als Aroma hinzugefügt.

1 Pfefferminzblätter

Isomerie und Namensgebung bei Alkanolen In der homologen Reihe der Alkanole ist die Hydroxygruppe immer an ein endständiges Kohlenstoffatom gebunden. Besteht die Kohlenstoffkette aus mehr als drei Kohlenstoffatomen, kann die Stellung der Hydroxygruppe verändert werden. So entsteht ein isomeres Alkanol.
Bei drei Kohlenstoffatomen kann die Hydroxygruppe beispielsweise am endständigen oder am mittleren Kohlenstoffatom gebunden sein. Im Namen wird ihre Stellung durch die Nummer des Kohlenstoffatoms angegeben, an das sie bindet. Dadurch kann das Alkanol mit der endständigen Hydroxygruppe im Molekül als Propan-1-ol (▸3a) von Propan-2-ol unterschieden werden (▸3b).

Bei verzweigten Alkanolen mit weiteren Alkylgruppen erhält die Hydroxygruppe immer die kleinstmögliche Zahl, z. B. 2,4-Dimethylpentan-2-ol (▸3c). Zudem wird die Hauptkette immer so gewählt, dass an sie die Hydroxygruppe bindet – auch dann, wenn sie wie bei 2-Ethylbutan-1-ol nicht die längste Kette im Molekül ist (▸3d).

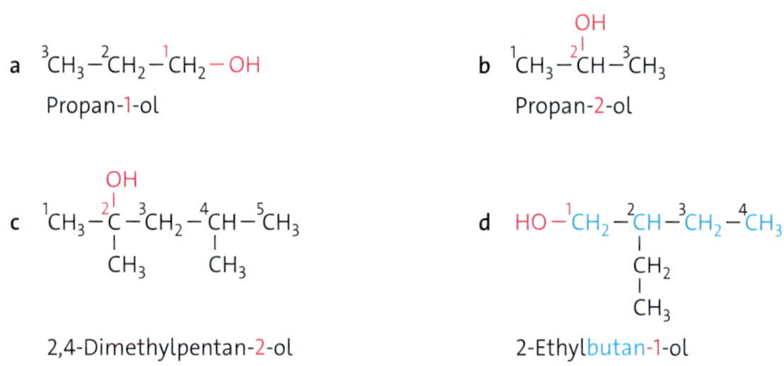

3 Beispiele für Isomerie und Namensgebung bei den Alkanolen

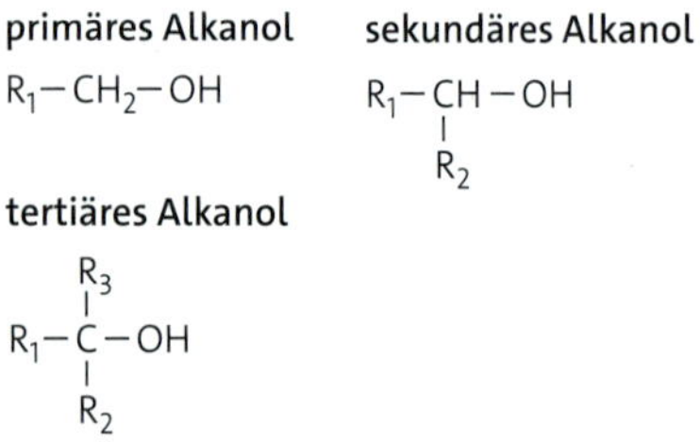

2 Allgemeine Formeln für Alkanole (R_1, R_2, R_3: Alkylgruppen)

Primäre, sekundäre und tertiäre Alkanole Die Alkanole werden aufgrund der Stellung der Hydroxygruppe unterschieden (▸2). Ist die Hydroxygruppe an ein Kohlenstoffatom gebunden, das an genau ein weiteres Kohlenstoffatom bindet, so liegt ein **primäres** Alkanol vor (▸3a, 3d). Bindet das die Hydroxygruppe tragende Kohlenstoffatom zu zwei weiteren Kohlenstoffatomen, handelt es sich um ein **sekundäres** Alkanol (▸3b), bei drei Kohlenstoffatomen um ein **tertiäres** Alkanol (▸3c).
Aus der Stellung der Hydroxygruppe resultiert ein unterschiedliches Reaktionsverhalten bei primären, sekundären und tertiären Alkanolen.

Aufgaben

1 Zeichnen Sie die Halbstrukturformeln aller zu Butan-1-ol isomeren Alkanole. Benennen Sie diese und entscheiden Sie in jedem Fall, ob ein primäres, sekundäres oder tertiäres Alkanol vorliegt.

2 Recherchieren Sie die Strukturformel von Menthol. Entscheiden und begründen Sie, ob Menthol ein Alkanol ist.

Ermitteln von Oxidationszahlen

Methode

Wenn an einer Redoxreaktion in der organischen Chemie nicht nur einfache Ionen und Atome teilnehmen, dann sind Oxidation oder Reduktion häufig schwer zu erkennen.

Kupferoxid oxidiert Methanol zu Methanal. Bestimmen Sie die Oxidationszahlen aller Atome im Methanol-, Methanal- und Wassermolekül.

Verfahren zur Bestimmung der Oxidationszahlen

1 Notieren Sie die Strukturformeln der beteiligten Moleküle.

Methanol | Methanal | Wasser

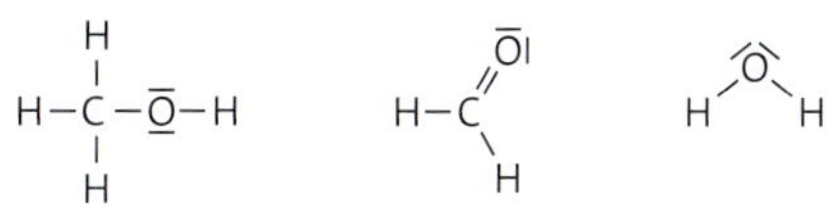

2 Ordnen Sie dem Atom mit der jeweils größeren Elektronegativität (EN) die Elektronen der Elektronenpaarbindung zu.

EN(O) = 3,5 EN(C) = 2,5 EN(H) = 2,1

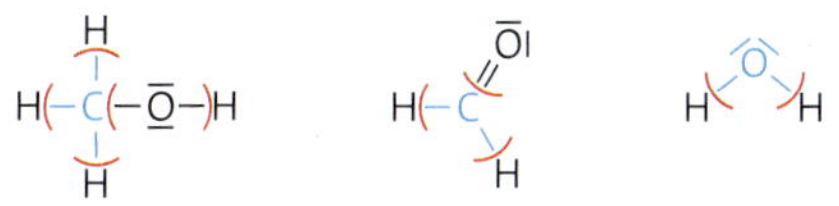

3 Ermitteln Sie die Oxidationszahl der einzelnen Atome.

Bestimmen Sie zuerst die ursprüngliche Anzahl an Außenelektronen (entspricht der Hauptgruppennummer des Elements im Periodensystem). Bestimmen Sie die Anzahl zugeordneter Elektronen. Berücksichtigen Sie dabei auch die nichtbindenden Elektronenpaare.
Die Oxidationszahl ermittelt man aus der Differenz aus ursprünglicher Anzahl und zugeordneter Anzahl. Sie wird als römische Ziffer dargestellt.

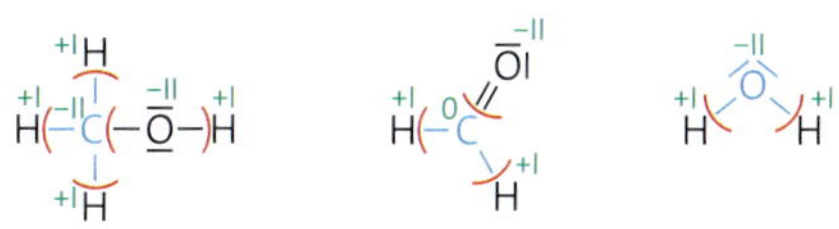

	CH_3OH	CH_2O	H_2O
Anzahl Außenelektronen	4	4	6
Anzahl zugeordneter Elektronen	6	4	4 + 4 = 8
Oxidationszahl	4–6 = –II	4–4 = 0	6–8 = –II

Weitere Regeln für das Ermitteln von Oxidationszahlen

1 Die Oxidationzahlen von Atomen in Elementen sind null.

$\overset{0}{Na}$ $\overset{0}{Cu}$ 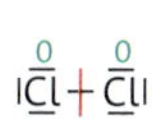 $\overset{0}{O_2}$ $\overset{0}{H_2}$

2 Die Oxidationszahl einfacher Ionen entspricht der Ionenladung.

$\overset{+I}{Na^+}$ $\overset{-I}{Cl^-}$ $\overset{+II}{Cu^{2+}}$ $\overset{-II}{O^{2-}}$

3 Die Summe der Oxidationszahlen in der Formel von Verbindungen ist null.

$\overset{+I}{Na}\overset{-I}{Cl}$ $\overset{+II}{Cu}\overset{-II}{O}$ $\overset{+II}{Mg}\overset{-I}{Cl_2}$ 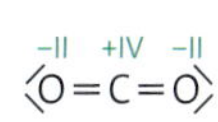 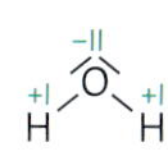

4 Die Summe der Oxidationszahlen in Molekül-Ionen entspricht der Ionenladung.

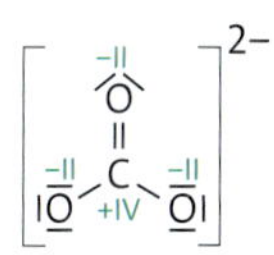

Ethanal – ein Aldehyd

In Frankreich und anderen europäischen Ländern muss im Auto ein Alkoholtester mitgeführt werden, mit dem der Fahrer seine Fahrtauglichkeit selbst überprüfen kann. Ändert sich beim Pusten in das Teströhrchen die Farbe von Orange nach Grün, ist Alkohol (Ethanol) in der Ausatemluft enthalten und er sollte sein Fahrzeug stehen lassen. Bei Verkehrskontrollen werden heutzutage elektronische Atemalkoholmessgeräte benutzt.

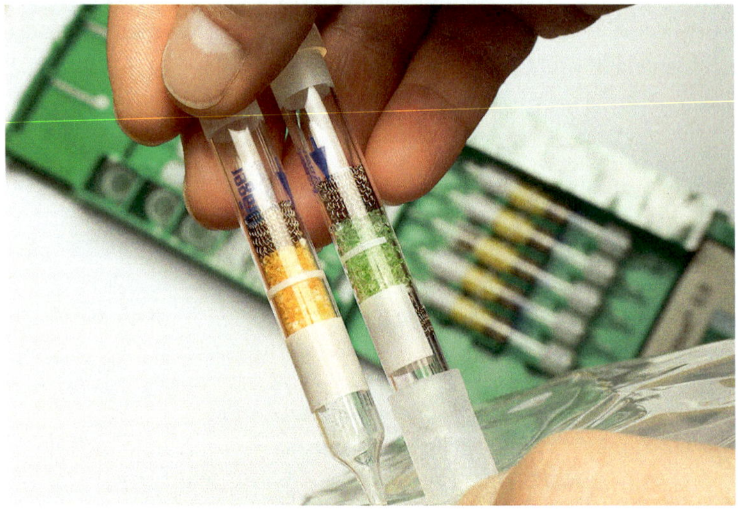

1 Prüfröhrchen zur Kontrolle des Alkoholkonsums

Exp. 13 | **L**

Reaktion von Ethanol mit Kupferoxid

Vorsicht!
Eine glühende Kupferdrahtwendel wird mehrmals in ein mit 20 ml Ethanol (GHS 2|7) gefülltes Becherglas getaucht. Vor und nach dem Experiment werden Geruchsproben durchgeführt. (Reaktionsprodukt: GHS 2|7|8)

Ethanal – ein Oxidationsprodukt des Ethanols Taucht man eine glühende Kupferdrahtwendel, an der sich schwarzes Kupferoxid gebildet hat, in ein Gefäß mit Ethanol, entsteht an der Oberfläche wieder der alte metallisch rote Glanz von Kupfer (▸ Exp. 13). Aus dem Kupferoxid ist Kupfer entstanden.

Bei der Reaktion werden einem Ethanolmolekül zwei Wasserstoffatome entzogen, die zusammen mit dem Sauerstoffatom des Kupferoxids ein Wassermolekül bilden. Dabei entsteht ein Kupferatom. Da Kupferoxid zu Kupfer reduziert wurde, muss Ethanol, das Reduktionsmittel, oxidiert worden sein. Das Produkt dieser Oxidation ist **Ethanal**.

$$CH_3\text{–}CH_2\text{–}OH + CuO \longrightarrow CH_3\text{–}CHO + Cu + H_2O$$

Redoxreaktionen und Oxidationszahlen Während einer Redoxreaktion findet eine Elektronenübertragung zwischen den Reaktionspartnern statt. Bei der Reaktion von Ethanol mit Kupferoxid ist zwar leicht zu erkennen, dass die Kupfer-Ionen zwei Elektronen aufgenommen haben und zu Kupferatomen reduziert wurden. Aber woher kommen diese?

Im Ethanolmolekül gibt es 20 Außenelektronen, im Ethanalmolekül nur 18 (▸ **2**). Der Unterschied zwischen beiden Molekülen kommt durch die unterschiedlichen Bindungspartner am Kohlenstoffatom mit der funktionellen Gruppe zustande. Mit den beiden „fehlenden" Wasserstoffatomen sind auch zwei Elektronen abgegeben worden.

Oxidationszahlen sind ein nützliches Hilfsmittel, um schnell zu erkennen, ob eine Redoxreaktion vorliegt und welcher Reaktionspartner oxidiert bzw. reduziert wurde. Nimmt die Oxidationszahl (OZ) eines Atoms oder Ions zu, dann wird es oxidiert, nimmt sie ab, so liegt eine Reduktion vor (Methode: Ermitteln von Oxidationszahlen ▸ S. 71).

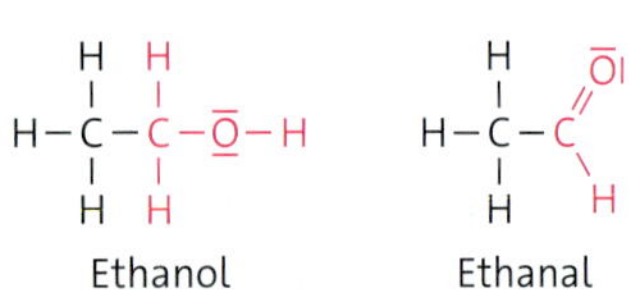

2 Das Ethanalmolekül hat zwei Elektronen weniger als das Ethanolmolekül.

In der Reaktion von Kupferoxid mit Ethanol (▸ **3**) wird die Oxidationszahl des Kupfer-Ions (+II) verkleinert, wenn es zum Kupferatom (0) wird, d. h., es wird reduziert. Bei der Umwandlung vom Ethanol- ins Ethanalmolekül steigt die Oxidationszahl am Kohlenstoffatom mit der funktionellen Gruppe von –I auf +I, d. h., dieses Atom wird oxidiert.

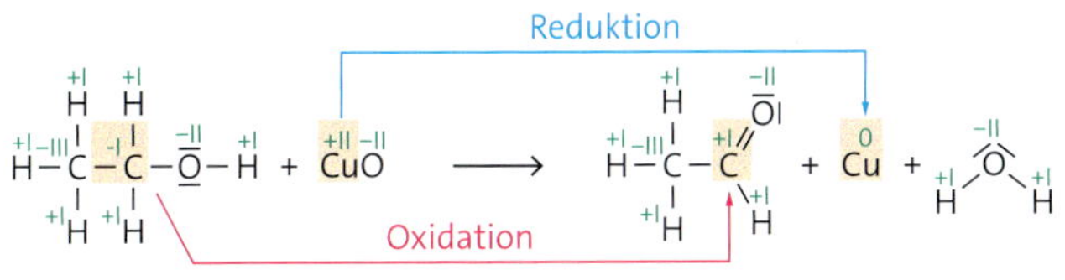

3 Redoxreaktion von Ethanol und Kupferoxid mit Oxidationszahlen

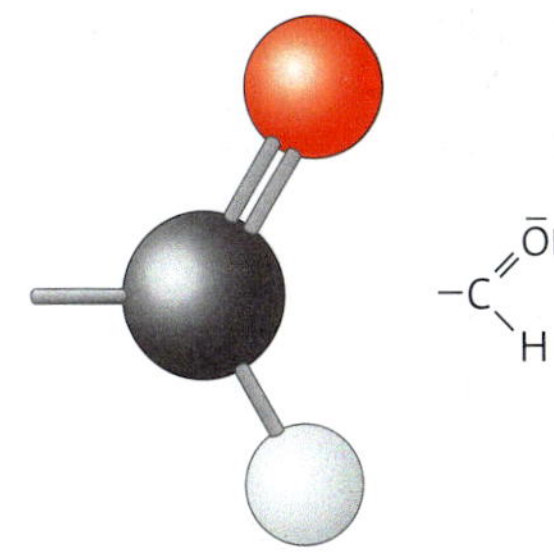

4 Modell und Strukturformel der Aldehydgruppe

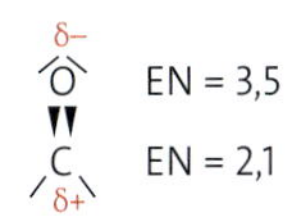

5 Strukturformel der Carbonylgruppe und Elektronegativitätswerte (EN) der beteiligten Atome

Aldehyde und Aldehydgruppe Ethanal (Acetaldehyd) gehört zur Stoffklasse der **Aldehyde**. Der Begriff Aldehyd (**Al**cohol **dehyd**rogenatus) wurde 1835 von Justus von Liebig (1803 bis 1873) eingeführt. Damit wird ausgedrückt, dass ein Aldehydmolekül weniger Wasserstoffatome besitzt als das entsprechende Alkoholmolekül. So hat Ethanal als Oxidationsprodukt von Ethanol (C_2H_6O) die Molekülformel C_2H_4O.

Die funktionelle Gruppe in den Molekülen aller Aldehyde ist die **Aldehydgruppe** (▸ **4**). In ihr ist ein Wasserstoffatom an eine **Carbonylgruppe** (>C=O) gebunden. Aufgrund der großen Differenz der Elektronegativität zwischen dem Sauerstoff- und dem Kohlenstoffatom ist sie stark polar, mit einer negativen Teilladung am Sauerstoff- und einer positiven am Kohlenstoffatom (▸ **5**). Zwischen Ethanalmolekülen wirken deshalb vergleichsweise starke Dipol-Dipol-Kräfte. Das Sauerstoffatom der Aldehydgruppe kann zudem Wasserstoffbrücken zu stark polarisierten Wasserstoffatomen wie in Wassermolekülen ausbilden.

Schon gewusst?

Ethanol wird im menschlichen Körper mithilfe von Enzymen stufenweise abgebaut. Im ersten Schritt entsteht dabei Ethanal. Wird seine Konzentration zu groß, dann ist Übelkeit die Folge.

Eigenschaften und Bedeutung von Ethanal Ethanal ist eine flüchtige, leicht entzündliche und giftige Flüssigkeit. Mit Wasser ist es in jedem Verhältnis mischbar. Als Zwischenprodukt bei Stoffwechselvorgängen pflanzlicher und tierischer Organismen entsteht Ethanal auch bei der alkoholischen Gärung, weshalb es in geringen Mengen in allen alkoholischen Getränken wie Bier und Wein enthalten ist. In Früchten und Gemüse, aber auch in Essig, Kaffee und im Zigarettenrauch ist es vorhanden. Bei Alkoholtestern wird zum Nachweis das Ethanol der Ausatemluft in einer Farbreaktion zum Aldehyd oxidiert (▸ **1**).

6 „Kater" am Morgen nach der Party, verursacht durch Ethanal

Aldehyde sind Oxidationsprodukte primärer Alkohole. Ihre Moleküle enthalten die Aldehydgruppe.

Aufgaben

1 Die Siedetemperatur von Ethanal (21 °C) ist größer als die von Propan (–42 °C) und kleiner als die von Ethanol (78 °C). Erklären Sie diese Beobachtung anhand zwischenmolekularer Kräfte.

2 Erklären Sie auf Teilchenebene die sehr gute Mischbarkeit von Ethanal mit Wasser.

3 Erläutern Sie, warum Ethanalmoleküle untereinander keine Wasserstoffbrücken ausbilden können.

Alkanale und Alkanone

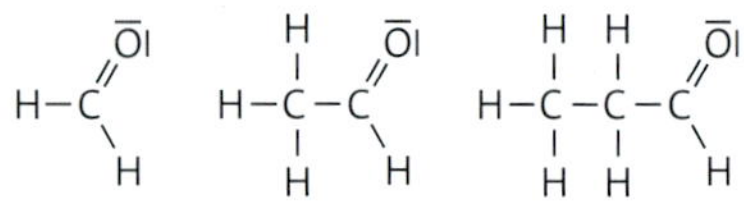
Methanal Ethanal Propanal

1 Strukturformeln von Methanal, Ethanal und Propanal

Alkanal	Formel	ϑ_V in °C
Methanal	H–CHO	–19
Ethanal	CH_3–CHO	21
Propanal	C_2H_5–CHO	48
Butanal	C_3H_7–CHO	75
Pentanal	C_4H_9–CHO	103
Hexanal	C_5H_{11}–CHO	131

2 Siedetemperaturen ϑ_V in der homologen Reihe der Alkanale

Exp. 14 | L

Silberspiegelprobe

Abzug! In einem neuen kleinen Rundkolben wird zu frisch bereitetem Tollens-Reagenz (GHS 5) 1 ml Ethanal (GHS 2|7|8) gegeben. Nach vorsichtigem Schwenken wird der Kolben einige Minuten in ein Becherglas mit warmem Wasser gestellt.

Exp. 15 | L

Wirkung von Fehling-Lösung auf Propanal

Abzug! In einem Reagenzglas werden die Fehling-Lösungen I (GHS 7) und II (GHS 5) zu gleichen Volumenanteilen gemischt und vorsichtig Propanal (GHS 2|7) zugegeben. Das Stoffgemisch wird im Wasserbad erhitzt.

Homologe Reihe der Alkanale Ein Aldehyd wie Ethanal, das aus einem primären Alkanol entsteht, wird auch **Alkanal** genannt. In den Alkanalmolekülen bindet ein Wasserstoffatom oder eine Alkylgruppe an die Aldehydgruppe. Wie die Alkane und Alkanole bilden auch die Alkanale eine homolge Reihe, in der sich zwei aufeinanderfolgende Glieder um ein CH_2-Gruppe unterscheiden. Die allgemeine Molekülformel der Alkanale ist **C_nH_{2n+1}–CHO**. –CHO steht für die Aldehydgruppe. Methanal, auch Formaldehyd genannt (mit $n = 0$), Ethanal oder Acetaldehyd (mit $n = 1$) und Propanal bzw. Propionaldehyd (mit $n = 2$) sind die ersten drei Vertreter der homologen Reihe der Alkanale (▸**1**). Die Namen der Alkanale werden aus dem entsprechenden Alkanol durch Austausch der Endung -ol in **-al** gebildet.

Zwischen den unpolaren Alkylgruppen der Alkanalmoleküle wirken Van-der-Waals-Kräfte. Diese nehmen mit der Länge der Alkylgruppe in den Alkanalmolekülen zu. Infolge steigen die Siedetemperaturen in der homologen Reihe der Alkanale (▸**2**). Zwischen den polaren Aldehydgruppen gibt es zusätzlich **Dipol-Dipol-Kräfte**. Diese sind stärker als die Van-der-Waals-Kräfte zwischen Methylgruppen, aber schwächer als die durch Wasserstoffbrücken verursachten Wechselwirkungen zwischen Hydroxygruppen.

Die Alkanale bilden eine homologe Reihe mit der allgemeinen Molekülformel C_nH_{2n+1}–CHO. Ihre Moleküle tragen als funktionelle Gruppe eine Aldehydgruppe (–CHO).

Nachweis und Reaktionen der Aldehydgruppe Eine Möglichkeit, die Aldehydgruppe in Alkanalen nachzuweisen, bietet die sogenannte Silberspiegelprobe. Aus einer frisch bereiteten ammoniakalischen Silbernitratlösung (Tollens-Reagenz) fällt nach Zugabe eines Alkanals elementares Silber aus. An der Glaswand des Reaktionsgefäßes kann das Silber eine spiegelnde Schicht bilden(▸Exp. 14; ▸**3**). Der Nachweis mit Tollens-Reagenz beruht auf der Oxidierbarkeit der Aldehydgruppe (▸S. 80). Silber-Ionen werden dabei zu Silber reduziert.
Auch der Nachweis für die Aldehydgruppe mit Fehling-Lösung beruht auf ihrer Oxidierbarkeit. Die tiefblaue Fehling-Lösung mit Kupfer-Ionen wird dabei zu rotbraunem Kupfer reduziert (▸Exp. 15).

3 Silberspiegelprobe

Exp. 16 Oxidation von Propan-2-ol

Geben Sie 5 ml Propan-2-ol (GHS 2|7) in eine weiße Porzellanschale. Erhitzen Sie dann ein Kupfernetz, sodass sich auf seiner Oberfläche schwarzes Kupferoxid bildet. Tauchen Sie das heiße Netz in das Propan-2-ol und beobachten Sie, wie sich der eingetauchte Teil verändert. Wiederholen Sie den Vorgang fünfmal. Untersuchen Sie das Reaktionsprodukt mit Watesmo-Papier.

Entsorgung: Reste in Behälter für halogenfreie organische Abfälle geben.

Propanon – ein Oxidationsprodukt von Propan-2-ol Wird ein heißes Blech mit Kupferoxid in Propan-2-ol getaucht, ist auch hier eine Reaktion beobachtbar (▸ Exp. 16). Als Produkt entsteht **Propanon** (▸ **5**). Im Alltag wird Propanon als Aceton bezeichnet. Wie das isomere Propanal hat auch Propanon die Molekülformel C_3H_6O. Im Propanonmolekül ist das mittlere Kohlenstoffatom an zwei Methylgruppen und durch eine Doppelbindung an ein Sauerstoffatom gebunden (▸ **4**). Das Propanonmolekül enthält wie das Propanalmolekül eine polare Carbonylgruppe (>C=O). Dadurch ist Propanon sowohl in Wasser als auch in lipophilen Stoffen wie Heptan löslich. Es wird als Lösungsmittel u. a. für Lacke und Klebstoffe verwendet und ist häufig ein Hauptbestandteil von Nagellackentferner.

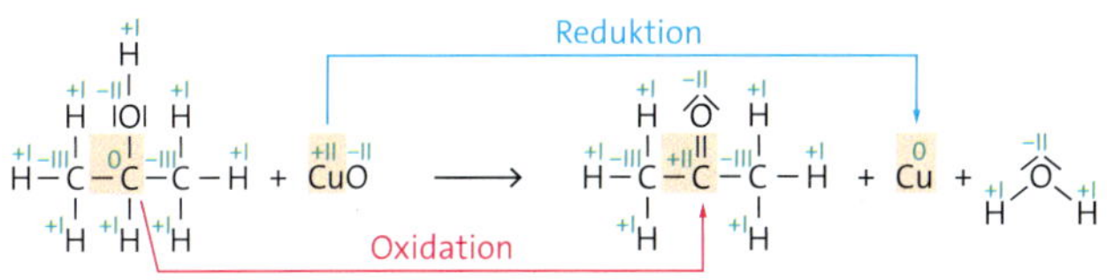

5 Redoxreaktion von Propan-2-ol und Kupferoxid mit Oxidationszahlen

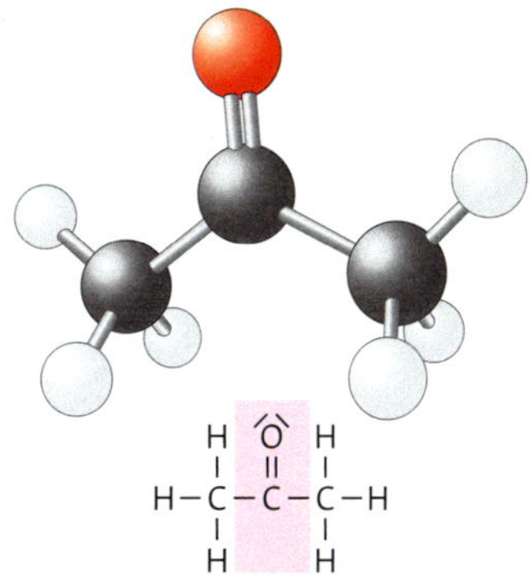

4 Molekülmodell und Strukturformel des Propanonmoleküls

Alkanone Die Bildung von Propanon zeigt, dass nicht nur primäre, sondern auch sekundäre Alkanole oxidiert werden können. Diese Oxidationsprodukte heißen **Alkanone**. Alkanonmoleküle enthalten eine Carbonylgruppe. Sie wird in diesen Molekülen als **Ketogruppe** bezeichnet, weswegen Alkanone zur Stoffklasse der **Ketone** gehören. Die Ketogruppe ist ihre funktionelle Gruppe (▸ **4**). Die Nummer des Kohlenstoffatoms mit der Ketogruppe wird im Namen genannt, wenn ihre Position variieren kann (▸ **6**). In den Molekülen tertiärer Alkanole bindet an das Kohlenstoffatom mit der Hydroxygruppe kein Wasserstoffatom. Deshalb reagieren diese nicht mit Kupferoxid und können nicht ohne Spaltung einer C–C-Bindung in ihren Molekülen oxidiert werden.

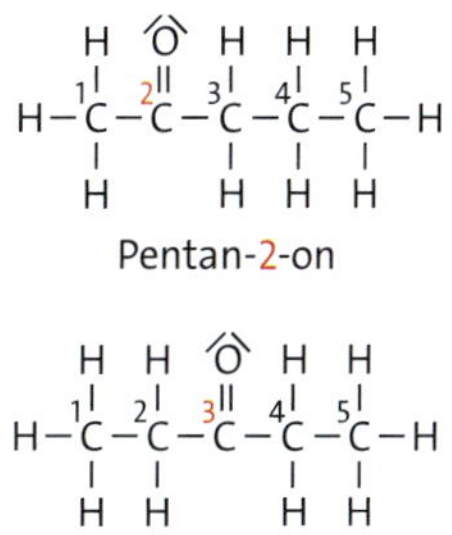

6 Pentan-2-on und Pentan-3-on unterscheiden sich in der Stellung der Ketogruppe.

Aufgaben

1 Stellen Sie eine Vermutung auf, wie sich die Löslichkeit der Alkanale mit Wasser innerhalb der homologen Reihe ändert.

2 Erstellen Sie eine Übersicht über die Reaktion von Butan-1-ol, Butan-2-ol und 2-Methylpropan-2-ol mit Kupferoxid. Stellen Sie jeweils die Reaktionsgleichung in Strukturformelschreibweise auf.

3 Entwickeln Sie die Halbstrukturformel von 2-Methylhexan-3-on.

4 Propanon ist brennbar.

a Stellen Sie die die Reaktionsgleichung der vollständigen Verbrennung auf.

b Zeigen Sie mithilfe der Oxidationszahlen, dass die Verbrennung eine Redoxreaktion ist.

Eigenschaften von Essig und Essigsäure

Exp. 17 Elektrische Leitfähigkeit von Speiseessig, Essigessenz und Essigsäure

2 5

Bauen Sie eine Apparatur wie in der Skizze auf. Vergleichen Sie bei konstanter Spannung anhand der Helligkeit der Glühlampe, wie gut Speiseessig, Essigessenz (GHS 5) und reine Essigsäure (GHS 2|5) den elektrischen Strom leiten. Verwenden Sie dazu jeweils 10 ml der Flüssigkeit.

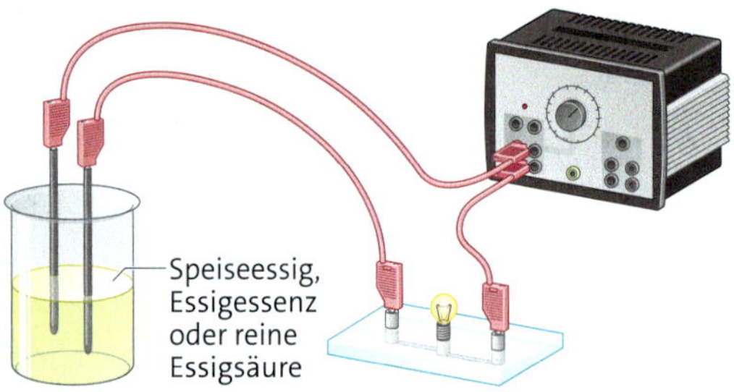

Deuten Sie das Ergebnis.
Entsorgung: Lösungen weiterverwenden.

Exp. 18 Untersuchen von Lösungen mit einem pH-Meter

2 5

Füllen Sie 10 ml Speiseessig [*w*(Essigsäure) = 5 %] in ein kleines Becherglas. Bestimmen Sie mithilfe eines pH-Meters den pH-Wert. Wiederholen Sie den Versuch mit Essigessenz [*w*(Essigsäure) = 25 %; GHS 5] und reiner Essigsäure [*w*(Essigsäure) = 100 %; GHS 2|5]. Notieren Sie alle pH-Werte und deuten Sie diese.
Entsorgung: Lösungen weiterverwenden.

Exp. 19 Reaktion von Essig mit Kalk

Geben Sie ca. 10 ml Speiseessig [*w*(Essigsäure) = 5 %] und eine Spatelspitze Kalk (Calciumcarbonat) in ein Reagenzglas. Beobachten Sie die einsetzende Reaktion. Stellen Sie eine Hypothese auf, wie eines der Reaktionsprodukte identifiziert werden kann.
Entsorgung: Lösung ins Abwasser geben.

Exp. 20 Schmelztemperatur von Essigsäure

2 5

Füllen Sie 10 ml reine Essigsäure (GHS 2|5) in ein großes Reagenzglas, in dem sich auch ein Thermometer befindet. Stellen Sie das Reagenzglas in ein Becherglas mit Eiswasser. Rühren Sie die Essigsäure mit dem Thermometer vorsichtig um. Achten Sie auf den Aggregatzustand. Notieren Sie die Temperatur, bei der die Essigsäure kristallisiert. Stellen Sie das Reagenzglas danach in ein Becherglas, das Wasser bei Raumtemperatur enthält. Beobachten Sie die Form der Kristalle und ob sie in der flüssigen Essigsäure sinken oder auf ihr schwimmen.
Entsorgung: Essigsäure ins Abwasser geben.

Exp. 21 Brennbarkeit von Essigsäure

2 5

Untersuchen Sie die Brennbarkeit von:
- Speiseessig [*w*(Essigsäure) = 5 %]
- Essigessenz [*w*(Essigsäure) = 25 %; GHS 5]
- reiner Essigsäure [*w*(Essigsäure) = 100 %; GHS 2|5]

Verwenden Sie einen Aufbau wie in der Skizze.

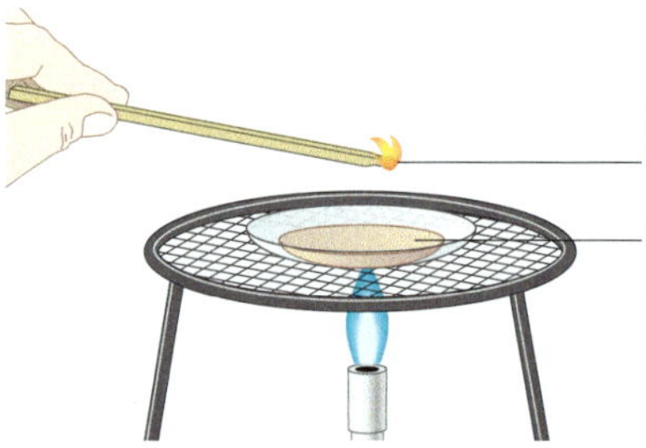

Interpretieren Sie Ihre Beobachtungen.
Entsorgung: Reste ins Abwasser geben.

Exp. 22 Reaktion von Essig mit einem unedlen Metall

2

Geben Sie ca. 10 ml Speiseessig [*w*(Essigsäure) = 5 %] und ein ca. 2 cm langes Stück Magnesiumband (GHS 2) in ein Reagenzglas. Beobachten Sie die einsetzende Reaktion. Stellen Sie eine Hypothese auf, wie eines der Reaktionsprodukte identifiziert werden kann.
Entsorgung: Lösung ins Abwasser geben.

Exp. 23 Reaktion von Essig mit einem Metalloxid

Füllen Sie ca. 10 ml Essigessenz [*w*(Essigsäure) = 25 %; GHS 5] in ein kleines Becherglas. Geben Sie einige 1-, 2- oder 5-Cent-Münzen hinzu, deren Oberfläche sichtbar oxidiert wurde.
Die Münzen müssen vollständig von der Essigessenz bedeckt sein. Lassen Sie das Becherglas für einige Tage abgedeckt stehen und beobachten Sie danach die Veränderungen der Münzen und der Lösung. Interpretieren Sie Ihre Beobachtungen.
Entsorgung: Lösung ins Abwasser geben, Münzen mit Wasser gut abwaschen und trocknen.

Exp. 24 Reaktion von sauren mit basischen Lösungen

Mischen Sie in einem kleinen Becherglas 5 ml Wasser, zehn Tropfen Speiseessig [w(Essigsäure) = 5 %; GHS 5] und drei Tropfen Bromthymolblaulösung (GHS 2). Tropfen Sie mit einer Tropfpipette Natronlauge (*w* = 10 %; GHS 5) zu, bis durch den Indikator eine neutrale Lösung angezeigt wird. Schwenken Sie nach jedem Tropfen das Becherglas vorsichtig, um die Lösungen zu vermischen.
Wiederholen Sie das Experiment unter Verwendung von Methansäure (*w* = 10 %; GHS 5) und Kalilauge (*w* = 10 %; GHS 5|7).

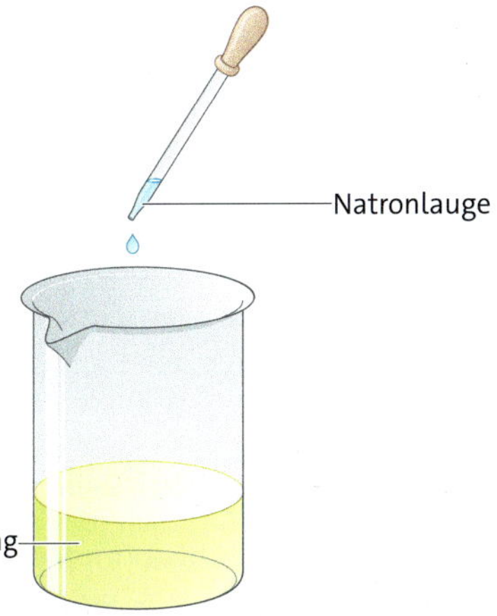

Notieren Sie Ihre Beobachtungen und vergleichen Sie beide Reaktionen.
Entsorgung: Reste ins Abwasser geben.

Exp. 25 Synthese von Natriumacetat-Trihydrat

Geben Sie zu 0,1 mol Natriumhydrogencarbonat in einem 100-ml-Becherglas langsam 25 g Essigessenz hinzu. Erhitzen Sie die Lösung unter Rühren zum Sieden, bis festes Natriumacetat kristallisiert. Nehmen Sie ein paar Kristalle heraus und geben Sie zum Rest einige Tropfen Wasser, damit sich der Feststoff wieder löst. Lassen Sie die Flüssigkeit auf Umgebungstemperatur abkühlen und geben Sie dann die Kristalle wieder hinzu. Messen Sie die Temperatur, falls die Flüssigkeit kristallisiert. Deuten Sie Ihre Beobachtungen.
Entsorgung: Reste ins Abwasser geben.

Exp. 26 Wirkung von Essig auf Lebensmittel

Spülen Sie jeweils ein Stück gekochten Schinken, ein Stück Schnittkäse und eine frische Gurke gut mit Wasser ab. Halbieren Sie den Schinken, den Käse und die Gurke. Geben Sie jedes der sechs Stücke in ein sauberes Marmeladenglas. Übergießen Sie jeweils eine der Proben mit Essig und belassen Sie die andere offen im Glas an der Luft. Führen Sie alle Versuche parallel dazu auch mit Wasser statt mit Essig durch.
Tropfen Sie auf eine Ecke einer frischen Scheibe Toastbrot drei Tropfen Essig. Legen Sie die Scheibe Toast auf einen Teller offen an die Luft.

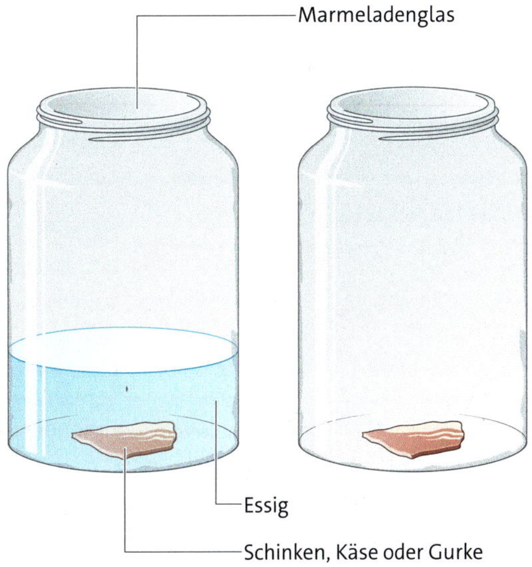

Beobachten Sie alle Proben eine Woche lang.
Entsorgung: Proben über den Hausmüll entsorgen.

Essig und Essigsäure

Rollmops erhält seinen charakteristischen Geschmack erst dadurch, dass der Hering in einer Lake aus Essig und Salz eingelegt wurde. Essig wird aber auch zur Herstellung von Salatdressings und zum Würzen von Speisen genutzt.

1 Mit Essig werden verschiedene Speisen gewürzt.

Schon gewusst?

Das Würzen von Speisen mit Essig dient nicht nur dem Geschmack. Die saure Lösung wirkt auch antibakteriell. Das war zuzeiten schlechter hygienischer Bedingungen noch wichtiger als heute.

2 Essig macht haltbar.

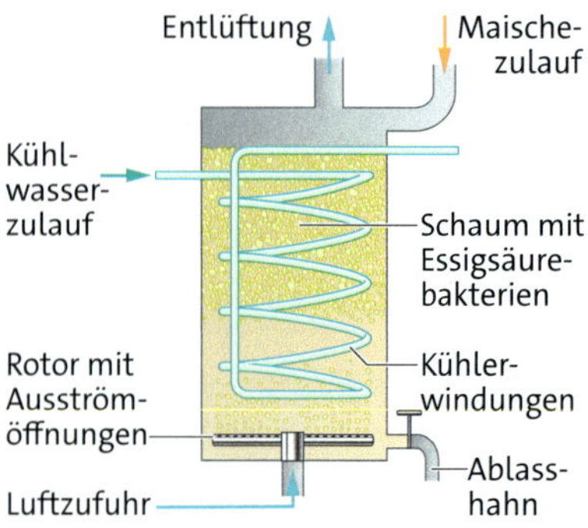

3 Submersverfahren (Schema)

Ägypter, Römer und der Essig Saurer Wein wurde bereits von den Ägyptern vor über 4000 Jahren hergestellt. Der Grund für den sauren Geschmack des Weins ist die Entstehung von Essig. Römische Legionäre hatten auf ihren Märschen mit Wasser verdünnten Essig zum Trinken dabei. Dieses „Posca" genannte Getränk war haltbarer als Wasser. Außerdem hatte es nicht die berauschende Wirkung von Wein. Heute gibt es eine Vielzahl verschiedener Essigsorten zum Würzen, Haltbarmachen und Verfeinern von Speisen und Gerichten (▸**1**).

Speiseessig und Essigessenz Als Essig werden Lösungen von Essigsäure in Wasser bezeichnet. Je nach Massenanteil unterscheidet man zwischen Speiseessig [w(Essigsäure) $\approx$ 5 %] und Essigessenz [w(Essigsäure) $\approx$ 25 %]. Ob Weinessig, Obstessig oder Branntweinessig – alle enthalten die gleiche Essigsäure und werden nach ähnlichen Verfahren hergestellt.

Herstellung von Essig Steht ein Gefäß mit Wein für längere Zeit offen, so erhält der Wein einen sauren Geschmack. Das liegt an den Essigsäurebakterien, die in die Lösung hineingelangen. Sie katalysieren die Oxidation von Ethanol mit Sauerstoff zu Essigsäure und Wasser, wodurch Essig entsteht.

$$\text{Ethanol} + \text{Sauerstoff} \xrightarrow{\text{Essigsäurebakterien}} \text{Essigsäure} + \text{Wasser}$$

Großtechnisch geschieht dies hauptsächlich im Submersverfahren (lat. *submergere:* untertauchen). Dabei wird durch eine Suspension von Essigsäurebakterien in einer wässrigen Ethanollösung ständig Luft geblasen, um die Oxidation zu beschleunigen. Abschließend wird der Essig abfiltriert und durch neue Ethanollösung ersetzt (▸**3**).

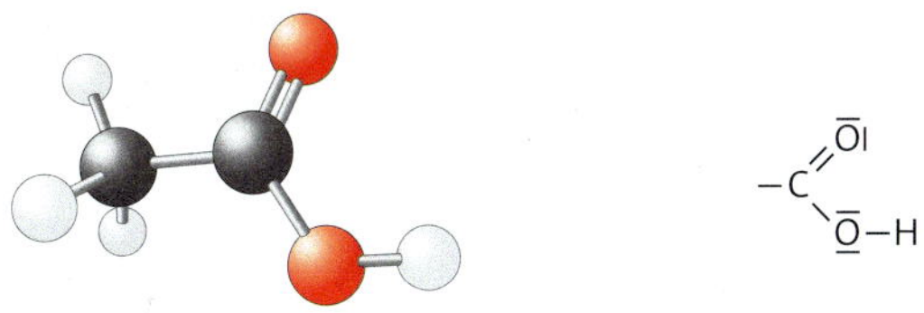

4 Molekülmodell von Ethansäure (links) und Strukturformel der Carboxygruppe (rechts)

5 Eisessig im festen Zustand

Bau von Essigsäure Reine Essigsäure ist aus Molekülen aufgebaut. Das Grundgerüst des Essigsäuremoleküls besteht aus zwei Kohlenstoffatomen (▸**4**). Deshalb wird Essigsäure systematisch als **Ethansäure** bezeichnet.

Die funktionelle Gruppe der Ethansäure ist die **Carboxygruppe (–COOH)**. In ihr ist eine Carbonylgruppe an eine Hydroxygruppe (–OH) gebunden (▸**4**). Durch die beiden Sauerstoffatome ist die Carboxygruppe stark polarisiert. Im Gegensatz zu Molekülen mit einer Aldehyd- oder Ketogruppe können sich zwischen Ethansäuremolekülen wegen der vorhanden Hydroxygruppe starke Wasserstoffbrücken ausbilden. Sie haben einen wesentlichen Einfluss auf die Eigenschaften der Ethansäure.

Ethansäure bildet Wasserstoffbrücken Ethansäure ist eine farblose, stechend riechende, ätzende Flüssigkeit mit einer Schmelztemperatur von 17 °C. Reine Ethansäure ist brennbar (▸Exp. 21, S. 76). Lagert man sie in kühlen Räumen, so wird sie fest (▸Exp. 20, S. 76; ▸**5**). Mit Wasser ist Ethansäure unbegrenzt mischbar, aber trotz der Polarität ihrer Moleküle ist sie auch gut in lipophilen Lösungsmitteln wie Heptan löslich.
Aufgrund der stark polaren Carboxygruppen können die Moleküle sehr gut Wasserstoffbrücken ausbilden. Im festen Eisessig bilden die Moleküle Ketten, zwischen denen starke Wasserstoffbrücken bestehen (▸**6a**). Auch beim Lösen in Wasser bilden sich Wasserstoffbrücken zwischen Wassermolekülen und Ethansäuremolekülen.
In Heptan lagern sich immer zwei Ethansäuremoleküle über Wasserstoffbrücken zusammen. Sie bilden Ethansäuredimere (▸**6b**). Die unpolaren Methylgruppen bilden mit den unpolaren Heptanmolekülen Van-der-Waals-Kräfte aus.

a

b

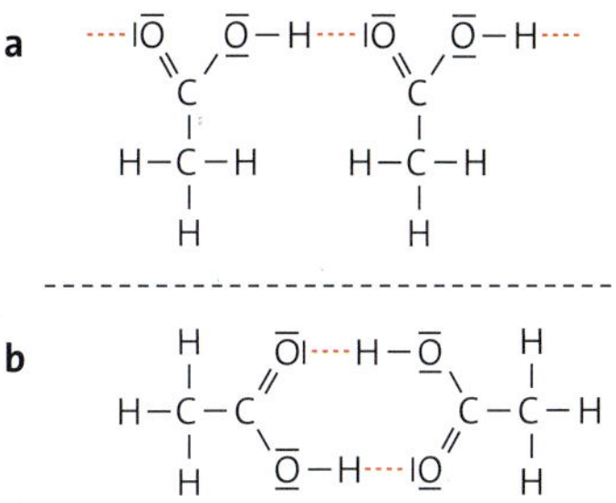

6 **a** Ketten aus Ethansäuremolekülen in fester Ethansäure; **b** Dimere aus Ethansäuremolekülen in lipophilen Lösungsmitteln

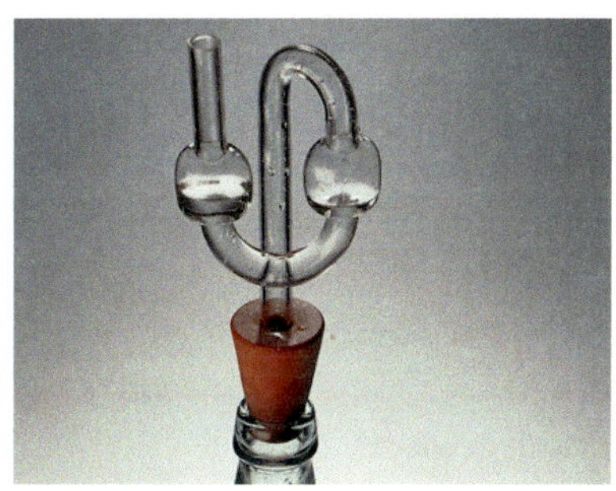

7 Gäraufsatz

Ethansäure entsteht durch Oxidation von Ethanol mit Sauerstoff. Ethansäuremoleküle enthalten als funktionelle Gruppe die Carboxygruppe (–COOH).

Aufgaben

1 Der Gärbehälter ist bei der Weinherstellung durch einen wassergefüllten Gäraufsatz verschlossen, durch den das entstehende Kohlenstoffdioxid entweichen kann (▸**7**). Ohne den Aufsatz kann es passieren, dass der Wein sauer schmeckt. Erklären Sie das.

2 Großtechnisch wird Ethansäure auch aus Methanol und Kohlenstoffmonooxid hergestellt.
a Erstellen Sie die Reaktionsgleichung.
b Nennen Sie Vor- und Nachteile der Herstellung gegenüber der Herstellung von Ethansäure aus Wein.

Reaktionen der Ethansäure

Im antiken Rom wurde Wein häufig aus Gefäßen aus Blei getrunken. Enthielt der Wein Essigsäure, so entstand durch eine chemische Reaktion lösliches Bleiacetat. Dadurch gelangten giftige Blei-Ionen in den Körper.
Bleiacetat wurde aber auch bis ins 19. Jahrhundert als Süßungsmittel („Bleizucker") verwendet und saurem Wein zugesetzt.

1 Antikes Gefäß aus Blei zur Aufbewahrung von z. B. Wein

Ethansäure – ein Oxidationsprodukt des Ethanals Ethansäure kann auch durch Oxidation von Ethanal mit Sauerstoff hergestellt werden.
Dabei wird die Aldehydgruppe (–CHO) des Ethanalmoleküls in die Carboxygruppe (–COOH) des Ethansäuremoleküls umgewandelt. Während der Reaktion steigt die Oxidationszahl am Kohlenstoffatom der funktionellen Gruppe von +I auf +III. Die Sauerstoffatome im Sauerstoffmolekül werden hingegen reduziert. Ihre Oxidationszahl sinkt von 0 auf –II.

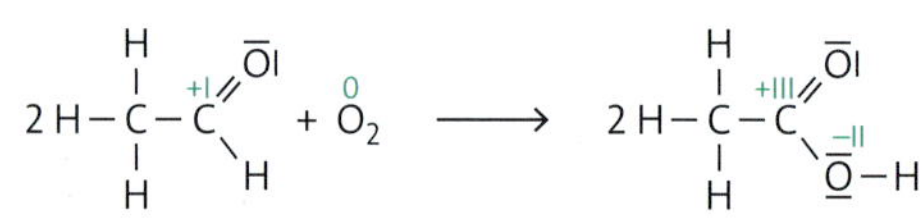

Noch gewusst?

Sauren Lösungen ist nicht nur ihr Geschmack gemeinsam. Sie färben Blaukrautsaft rot und reagieren mit unedlen Metallen, wobei Wasserstoff entsteht. Alle sauren Lösungen enthalten Oxonium-Ionen (H_3O^+). Säure-Base-Reaktionen sind Reaktionen mit Protonenübertragung, bei denen von einer Säure ein Proton auf eine Base übergeht.

Lösen von Ethansäure in Wasser Reine Ethansäure leitet den elektrischen Strom nicht, da in ihr keine frei beweglichen Ionen vorliegen (▸Exp. 17, S. 76). Löst man Ethansäure in Wasser, so findet eine Protonenübertragung zwischen der Carboxygruppe und dem Wassermolekül statt. Die Carboxygruppe wird zur elektrisch einfach negativ geladenen Carboxylatgruppe (–COO^-; ▸**2**). In der Lösung entstehen so negativ geladene **Acetat-Ionen** (CH_3COO^-) und positiv geladene Oxonium-Ionen.

Die entstehenden Ionen sind nicht nur für die sauren Eigenschaften der Lösung verantwortlich (▸Exp. 18, S. 76), sondern verursachen auch die elektrische Leitfähigkeit von Essig und Essigessenz (▸Exp. 17, S. 76).

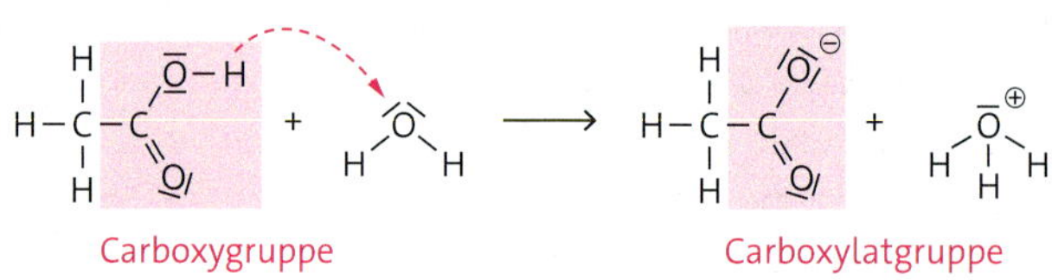

2 Protonenübertragung zwischen Ethansäure- und Wassermolekül

3 Tauchsieder mit Kalkablagerung vor (links), während (Mitte) und nach der Behandlung mit Essig (rechts)

Salze der Ethansäure Wie andere saure Lösungen reagieren auch Ethansäurelösungen („Essig") mit verschiedenen Stoffen.
So reagieren unedle Metalle in einer Redoxreaktion mit Ethansäure, bei der Metallatome zu Metall-Kationen oxidiert und Oxonium-Ionen zu Wasserstoffmolekülen und Wassermolekülen reduziert werden (▸ Exp. 22, S. 76). Nach Abschluss der Reaktion können Salze der Ethansäure, die **Acetate**, erhalten werden, wenn das Wasser verdampft wird.
Essig reagiert mit Carbonaten in einer Säure-Base-Reaktion zu einem löslichen Salz und Kohlenstoffdioxid (▸ Exp. 19, S. 76). Deshalb wird Essig als Reinigungsmittel verwendet. Ablagerungen von Kalk (Calciumcarbonat), z. B. in Wasserkochern, können so entfernt werden (▸ **3**). Alkalische Lösungen werden durch Essig neutralisiert (▸ Exp. 24, S. 77).

Auch Metalloxide reagieren in einer Säure-Base-Reaktion mit Ethansäurelösungen zu den entsprechenden Acetaten (▸ Exp. 23, S. 77; ▸ **4**). Gegenstände aus Blei bilden mit Luftsauerstoff an ihrer Oberfläche Bleioxid, das seinerseits mit Essig in lösliches Bleiacetat umgewandelt wird (▸ **1**).
Aus Natriumhydrogencarbonat (Natron) und Ethansäure kann Natriumacetat-Trihydrat ($NaCH_3COO \cdot 3\ H_2O$) hergestellt werden. Dieses Salz der Ethansäure findet man z. B. in Handwärmern (▸ Exp. 25, S. 76; ▸ **5**).

4 Kupferacetat auf einem Kupferblech

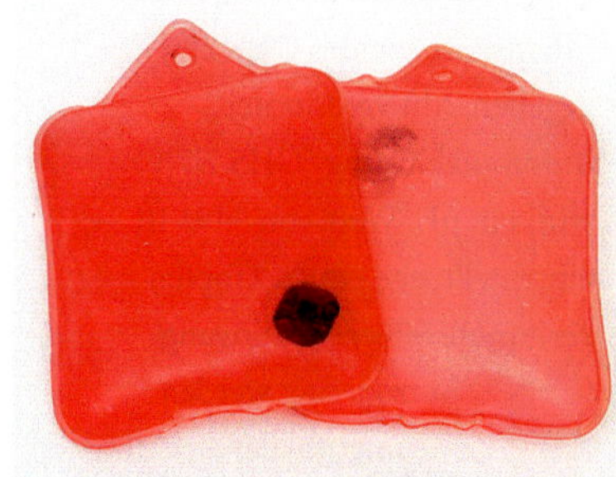

5 Handwärmer mit flüssigem und festem Natriumacetat-Trihydrat

Reaktionspartner	Beispiel
unedle Metalle	$2\ CH_3COO^- + 2\ H_3O^+ + Mg \longrightarrow Mg^{2+} + 2\ CH_3COO^- + H_2 + 2\ H_2O$
Carbonate	$2\ CH_3COO^- + 2\ H_3O^+ + CaCO_3 \longrightarrow Ca^{2+} + 2\ CH_3COO^- + 3\ H_2O + CO_2$
Metalloxide	$2\ CH_3COO^- + 2\ H_3O^+ + PbO \longrightarrow Pb^{2+} + 2\ CH_3COO^- + 3\ H_2O$
alkalische Lösungen	$CH_3COO^- + H_3O^+ + Na^+ + OH^- \longrightarrow Na^+ + CH_3COO^- + 2\ H_2O$

6 Reaktion von Essig mit verschiedenen Reaktionspartnern

Aufgaben

1 Zu einer Portion Ethansäure wird tropfenweise Wasser gegeben und dabei ständig die elektrische Leitfähigkeit gemessen. Am Ende des Experiments ist die Lösung so verdünnt, dass sie sich kaum von reinem Wasser unterscheidet.
Skizzieren Sie in einem Diagramm die Leitfähigkeit (y-Achse) gegen den Wasseranteil (x-Achse). In Ethansäure ist der Wasseranteil gleich null, am Ende beträgt er eins.

2 Kupfer ist kein unedles Metall und reagiert nicht mit Ethansäurelösungen. Gibt man aber eine ältere Kupfermünze in Essig, so erhält man eine grünblaue Lösung. Erklären Sie.

Homologe Reihe der Alkansäuren

1 Die Methansäure in Brennnesseln reizt die Haut bei Kontakt.

Exp. 27 | **L** **Tollens-Reagenz und Methansäure**

In je ein Reagenzglas werden zwei Tropfen Methansäure bzw. Ethansäure (beides GHS 2|5) gegeben. Mit verdünnter Ammoniaklösung (GHS 2|7|9) wird ein pH-Wert von 9 bis 10 eingestellt, ehe einige Tropfen verdünnte Silbernitratlösung (GHS 7) hinzugefügt werden. Zur Beschleunigung der Reaktion werden die Reagenzgläser in ein heißes Wasserbad gestellt.

Der Name der Alkansäure wird aus dem Stammnamen des entsprechenden Alkans und der Endung „säure“ gebildet.

Anzahl C-Atome	Name (Trivialname)
1	Methansäure (Ameisensäure)
2	Ethansäure (Essigsäure)
3	Propansäure (Propionsäure)
4	Butansäure (Buttersäure)
12	Dodecansäure (Laurylsäure)
16	Hexadecansäure (Palmitinsäure)
18	Octadecansäure (Stearinsäure)

2 Benennung der Alkansäuren

Methansäure Wird Methanal oxidiert, entsteht Methansäure (Ameisensäure). Ihre Moleküle enthalten genauso wie die Moleküle der Ethansäure eine Carboxygruppe, wodurch ihre wässrigen Lösungen sauer reagieren.

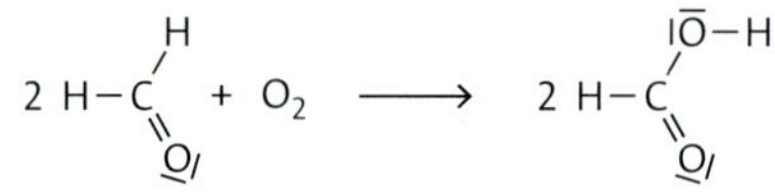

Methansäure ist eine farblose, stechend riechende und stark ätzende Flüssigkeit. Sie kommt in der Natur nicht nur in Ameisen vor, sondern z. B. auch in Brennnesseln (▸**1**). In ihren meisten chemischen Eigenschaften ist sie der Ethansäure ähnlich. Sie reagiert mit unedlen Metallen, Metalloxiden und -hydroxiden (▸Exp. 24, S. 77). Die dabei entstandenen Salze heißen **Formiate** oder Methanate. Methansäure wird im Labor zur Darstellung von Kohlenstoffmonooxid verwendet. Allerdings besitzt das Methansäuremolekül noch eine Aldehydgruppe, die es der Methansäure ermöglicht, z. B. Silber-Ionen zu Silberatomen zu reduzieren (▸Exp. 27).

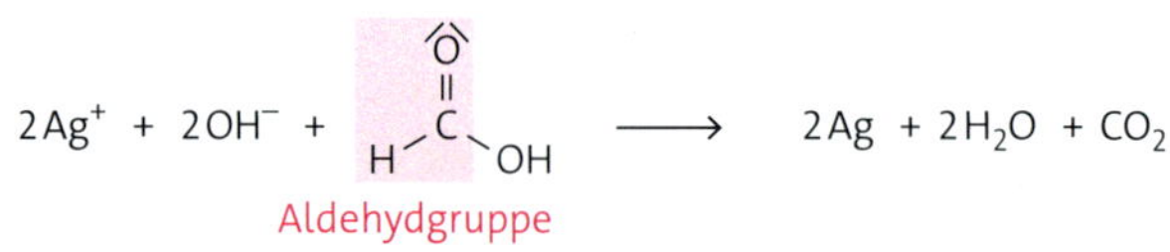

Alkansäuren Methan- und Ethansäure sind die ersten beiden Vertreter der homologen Reihe der **Alkansäuren**. In den Molekülen der Alkansäuren ist eine Carboxygruppe (–COOH) mit einem Alkylrest verbunden. Die einzelnen Glieder unterscheiden sich um eine CH_2-Gruppe. Die Alkansäuren haben die allgemeine Molekülformel $\mathbf{C_nH_{2n+1}COOH}$. In der Halbstrukturformel werden die CH_2-Gruppen im Molekül häufig mit einer Klammer zusammengefasst und deren Anzahl als Index dahinter angegeben (▸**3**).

Die Alkansäuren bilden eine homologe Reihe mit der allgemeinen Molekülformel $C_nH_{2n+1}COOH$.

Alkansäure	Halbstrukturformel	Schmelztemperatur in °C	Siedetemperatur in °C
Methansäure	H-COOH	8	101
Ethansäure	CH_3-COOH	17	118
Propansäure	CH_3-CH_2-COOH	–21	141
Butansäure	CH_3-$(CH_2)_2$-COOH	–5	164
Pentansäure	CH_3-$(CH_2)_3$-COOH	–34	186
Hexansäure	CH_3-$(CH_2)_4$-COOH	–3	205
Octansäure	CH_3-$(CH_2)_6$-COOH	17	239
Octadecansäure	CH_3-$(CH_2)_{16}$-COOH	69	–

3 Homologe Reihe der Alkansäure

Reaktionsverhalten der Alkansäuren Aufgrund der Carboxygruppe als funktionelle Gruppe ähneln sich alle Alkansäuren in ihrem chemischen Verhalten. Sie reagieren mit unedlen Metallen, Metalloxiden, Metallhydroxiden und Carbonaten. Alkansäuren sind wie die meisten organischen Stoffe brennbar. Stearinsäure ist z. B. in Kerzen enthalten (►4). Mit steigender Kettenlänge der Moleküle nimmt die Reaktionsfähigkeit aber ab.

Eigenschaften der Alkansäuren Innerhalb der homologen Reihe steigen die Schmelz- und Siedetemperaturen an. Die ersten acht Vertreter sind flüssig, die weiteren Alkansäuren feste Stoffe. Die Siedetemperaturen der Alkansäuren liegen im Vergleich über denen der homologen Alkanole (►5). Zwischen den Molekülen beider Stoffklassen können sich zwar Wasserstoffbrücken ausbilden, aber die Moleküle der Alkansäuren liegen wie bei der Ethansäure als Dimere vor. Dadurch sind die Van-der-Waals-Kräfte deutlich größer als zwischen den einzelnen Alkanolmolekülen.

Nur die ersten vier Vertreter der Alkansäuren mischen sich vollständig mit Wasser. Mit zunehmender Länge des Alkylrests nimmt die Löslichkeit der weiteren Alkansäuren stark ab. Die polare Carboxygruppe in den Molekülen ist hydrophil. Sie ist in der Lage, Wasserstoffbrücken zu Wassermolkülen auszubilden. Der unpolare Alkylrest ist hingegen lipophil. Mit zunehmender Länge verhindert er die Löslichkeit des Stoffes in Wasser. In lipophilen Stoffen sind die Alkansäuren hingegen gut löslich.

Alkanole und Alkansäuren Prinzipiell können alle Alkansäuren aus den entsprechenden primären Alkanolen hergestellt werden. Dabei erfolgt die Oxidation schrittweise vom Alkanol über das Alkanal zur Alkansäure. Essigsäurebakterien, die Ethanol zu Ethansäure oxidieren, gewinnen so die notwendige Energie für ihren Stoffwechsel. Auch beim Ethanolabbau nach dem Genuss von alkoholhaltigen Getränken gewinnt der Körper Energie. Die Oxidationen verlaufen jeweils exotherm (►6).

$$\text{primäres Alkanol} \xrightarrow{\text{Oxidation}} \text{Alkanal} \xrightarrow{\text{Oxidation}} \text{Alkansäure}$$

Aus sekundären oder tertiären Alkanolen lassen sich keine Alkansäuren herstellen, da sich die aus den sekundären Alkanolen gebildeten Alkanone nicht weiter oxidieren lassen. Tertiäre Alkanole lassen sich gar nicht oxidieren.

4 Kerzen enthalten Stearinsäure.

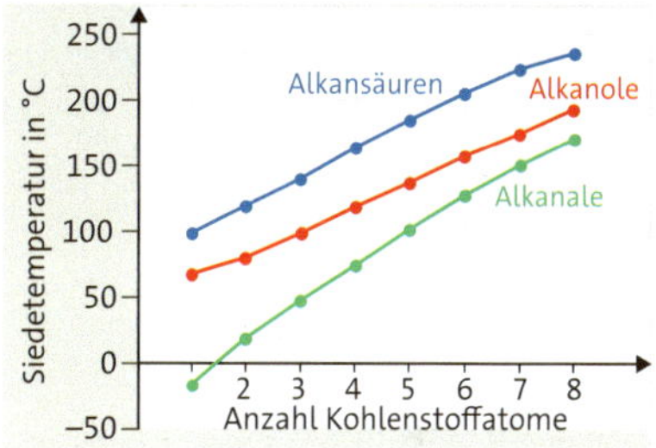

5 Verlauf der Siedetemperaturen von Alkanolen, Alkanalen und Alkansäuren

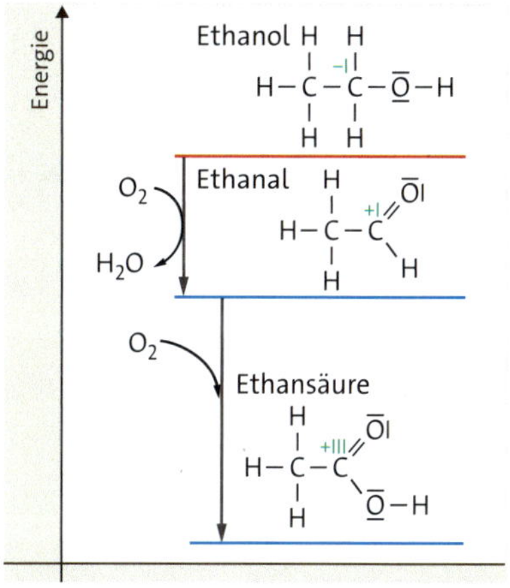

6 Exotherme Oxidation von Ethanol über Ethanal zur Ethansäure

Aufgaben

1 Erläutern Sie am Beispiel der homologen Reihe der Alkansäuren den Zusammenhang zwischen Struktur der Moleküle und Eigenschaften der Stoffe.

2 Erklären Sie den Unterschied im Verlauf der Siedetemperaturen der Alkanale im Vergleich zu denen der Alkansäuren (►5).

3 Erläutern Sie die Begriffe „funktionelle Gruppe“ und „homologe Reihe“ am Beispiel der Alkansäuren.

4 Verdünnte Methansäure eignet sich zum Entkalken von Wasserkochern. Stellen Sie die Reaktionsgleichung auf und benennen Sie die Reaktionsprodukte.

5 Pentansäure löst sich nur mäßig in Wasser.
- **a** Entwickeln Sie die Strukturformel von Pentansäure.
- **b** Erläutern Sie die mäßige Löslichkeit.
- **c** Geben Sie eine Möglichkeit an, Pentansäure aus einem Alkanol herzustellen. Formulieren Sie mögliche Reaktionsgleichungen.

Ester

Im Supermarkt ist eine Obstlieferung angekommen. Eine Mitarbeiterin sieht sich die Früchte gründlich an. Dann informiert sie den Marktleiter, dass die Trauben komplett verfault sind und außerdem „nach Lösungsmittel" riechen.

1 Warum riechen die Trauben nach „Lösungsmittel"?

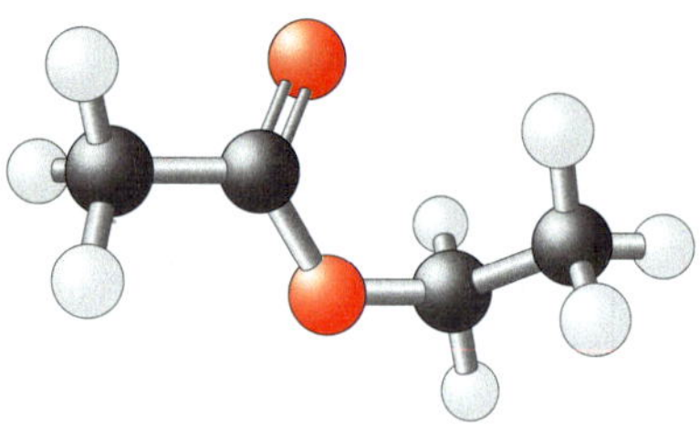

2 Molekülmodell von Ethansäureethylester

Ethansäureethylester Die Trauben hatten keinen Kontakt mit Klebstoffen oder Nagellack. Durch Gärung und Oxidation wurde Traubenzucker teilweise in Ethanol und Ethansäure umgewandelt. Reagieren diese beiden Stoffe miteinander, dann entsteht **Ethansäureethylester**, ein Stoff, der auch als Lösungsmittel u. a. für Klebstoffe eingesetzt wird. Er ist gut an seinem typischen Geruch zu erkennen.

Die Synthese von Ethansäureethylester gelingt auch ohne Hilfe von Bakterien und Enzymen, wenn eine starke Säure, z. B. Schwefelsäure, als Katalysator eingesetzt wird (▸ Exp. 28).

$$CH_3-C(=O)-OH + HO-CH_2-CH_3 \longrightarrow \underbrace{CH_3-C(=O)}_{\text{Säureteil}}-\underbrace{O-CH_2-CH_3}_{\text{Alkoholteil}} + H_2O$$

Exp. 28 **Synthese von Ethansäureethylester**

Geben Sie in ein Reagenzglas mit seitlichem Ansatz 2 ml Ethansäure (GHS 2|5), 2 ml Ethanol (GHS 2|7) und eine Spatelspitze Natriumhydrogensulfat (GHS 5). Befestigen Sie am seitlichen Ansatz ein gewinkeltes Rohr, das in ein kleines Reagenzglas mündet. Erhitzen Sie das Reagenzglas mit der Reaktionsmischung für 5 Minuten in siedendem Wasser. Stellen Sie das leere Reagenzglas in ein Eis-Wasser-Bad und fangen Sie das Destillat mit dem darin enthaltenen Reaktionsprodukt auf. Führen Sie mit dem Destillat eine Geruchsprobe durch. Geben Sie dann etwa das gleiche Volumen Wasser hinzu und beobachten Sie, ob sich das Destillat in Wasser löst.
Entsorgung: Destillat für Exp. 29 aufbewahren.

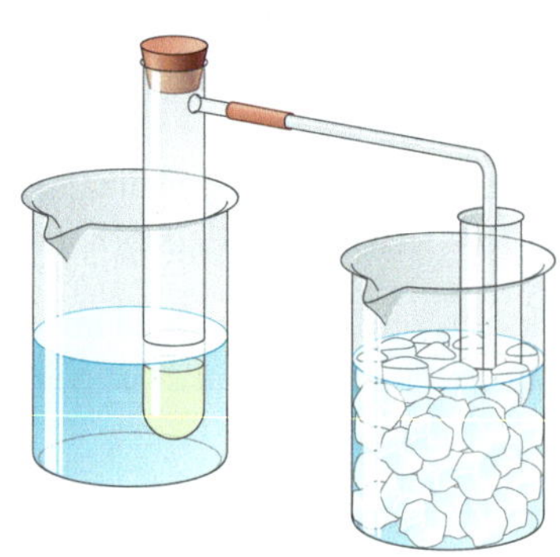

Exp. 29 **Lösungseigenschaften von Ethansäureethylester**

Verteilen Sie auf einem Uhrglas einen Tropfen lösungsmittelhaltigen Klebstoff und lassen Sie ihn trocknen.
Geben Sie aus der oberen Phase des Destillats aus Exp. 28 (enthält das Reaktionsprodukt) einige Tropfen auf den Kleber und beobachten Sie, ob er sich löst. Wiederholen Sie den Versuch mit Ethanol (GHS 2|7).
Entsorgung: Reste in Behälter für halogenfreie organische Abfälle geben.

Lösungsmittel für Klebstoffe und Lacke Im Gegensatz zu Ethansäure und Ethanol löst sich Ethansäureethylester nicht unbegrenzt in Wasser (▸ Exp. 28). In Ethanol, Aceton oder Heptan hingegen löst er sich sehr gut. Da viele Klebstoffe aus großen, schwach polaren Molekülen bestehen, eignet sich Ethansäureethylester als Lösungsmittel (▸ Exp. 29).

Ester Auch andere Alkansäuren reagieren mit Alkanolen in einer **Veresterung** zu **Estern**. Die Reaktion wird auch als **Kondensationsreaktion** bezeichnet, da Wasser abgespalten wird. Sie wird durch starke Säuren wie Schwefelsäure katalysiert.

Alkansäure + Alkanol ⟶ Ester + Wasser

Die Veresterung ist eine chemische Reaktion von Alkansäuren und Alkanolen. Es entstehen Ester und Wasser. Die Veresterung ist eine Kondensationsreaktion, weil als Reaktionsprodukt Wasser entsteht.

Alkansäureester enthalten als charakteristisches Strukturmerkmal die **Estergruppe** (–COO–).
Der Name eines Esters wird aus den Namen der Alkansäure, der Alkylgruppe des Alkanols und der Endung **-ester** gebildet (▸ **3**).

Spaltung von Estern Versetzt man Butansäureethylester mit Wasser und etwas Schwefelsäure oder Natronlauge, so ist ein unangenehmer Geruch wahrnehmbar (▸ Exp. 30). Der Ester wurde in seine Ausgangsstoffe Butansäure und Ethanol gespalten.

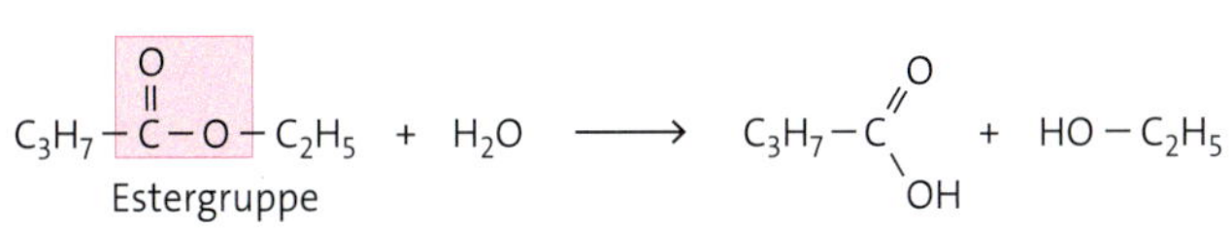

Die **Esterspaltung** ist eine **Hydrolyse**, da Estermoleküle mit Wassermolekülen reagieren und in ihre Ausgangsmoleküle zerfallen. Daran sieht man, dass die Veresterung eine umkehrbare Reaktion ist:

Alkansäure + Alkanol $\underset{\text{Esterspaltung}}{\overset{\text{Veresterung}}{\rightleftharpoons}}$ Alkansäureester + Wasser

Veresterung (Kondensationsreaktion) und Esterspaltung (Hydrolyse) sind umkehrbare chemische Reaktionen.

Exp. 30 **L** **Erhitzen eines Esters**

25 ml Butansäureethylester werden mit 5 ml 10%iger Natronlauge (GHS 5) und einigen Siedesteinchen unter Rückflusskühlung im Wasserbad bis zum Sieden erhitzt. Der Geruch wird zu Beginn und nach einiger Zeit geprüft und verglichen.

$C_3H_7COOH + C_2H_5OH$
Butansäure Ethanol
$\longrightarrow C_3H_7COOC_2H_5 + H_2O$
Butansäureethylester

3 Ein Beispiel für Veresterung verdeutlicht die Namensgebung.

Aufgaben

1 Bei der Veresterung entsteht neben Ester auch Wasser. Beschreiben Sie dessen Bildung am Beispiel der Reaktion von Propansäure und Methanol.

2 Beschreiben Sie, welche Funktion die konzentrierte Schwefelsäure bei der Veresterung hat.

3 Der Ester, dessen Strukturformel unten gezeigt ist, riecht intensiv nach Banane. Erläutern Sie durch Zerlegung der angegebenen Strukturformel, welche Alkansäure und welches Alkanol zur Synthese dieses Esters benötigt werden.

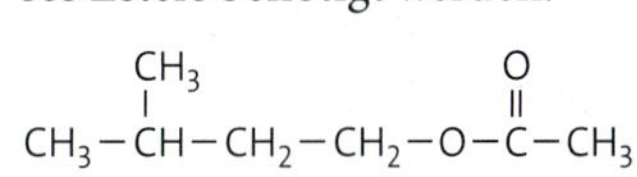

4 Zeichnen Sie die Strukturformel des Alkansäureesters, der aus Propansäure und Propan-2-ol entsteht.

Aromastoffe

1 Duftstoffe können angenehme Gefühle erzeugen.

Das Senden und Empfangen von Duftstoffen ist die chemische Art der Kommunikation. „Eine Person nicht riechen zu können" bedeutet, sie unsympathisch zu finden. Die Benutzung eines Parfüms ist der Versuch, diese chemische Kommunikation in unserem Sinne positiv zu beeinflussen.

Die Moleküle der Duftstoffe binden nach dem **Schlüssel-Schloss-Prinzip** je nach Molekülstruktur an verschiedene Rezeptoren der Riechschleimhaut. Von dort werden über die Geruchsnerven Signale an das Zentralnervensystem weitergeleitet.

Vom Ekelgeruch zum Fruchtaroma Butansäure (Buttersäure) gehört zu den Stoffen, deren Moleküle sehr intensive und abstoßende Geruchswahrnehmungen verursachen. Sie kommt u. a. in ranziger Butter vor und riecht nach Schweiß und Fäulnis.

Eine faszinierende chemische Reaktion ist die von Butansäure mit Ethanol. Dabei entsteht Butansäureethylester, der nach Ananas riecht. Diese drastische Änderung der Geruchsempfindung basiert lediglich auf dem Ersatz des Wasserstoffatoms der Carboxygruppe durch eine Ethylgruppe.

Fruchtester Das charakteristische Aroma einer Frucht wird durch die Moleküle verschiedener Verbindungen verursacht. In vielen Früchten spielen dabei Alkansäureester eine wichtige Rolle, sie werden deshalb **Fruchtester** genannt. In allen Fällen handelt es sich um relativ kleine und schwach polare Moleküle. Die Fruchtester haben deshalb eine niedrige Siedetemperatur, es sind flüchtige Stoffe.

Im Labor können Fruchtester in reiner Form einfach aus einer Alkansäure und einem Alkanol synthetisiert werden. In zahlreichen Lebensmitteln sind synthetische Fruchtester enthalten.

Alkansäureester	Geruch nach ...
Butansäureethylester	Ananas
Butansäuremethylester	Ananas, Apfel
Ethansäurepentylester	Banane, Birne
Butansäurepentylester	Aprikose

3 Fruchtester und ihre typischen Aromen

Veilchen und mehr Nicht nur Alkansäureester verursachen charakteristische Gerüche. Auch viele Aldehyde und Ketone verbinden wir mit bestimmten Geruchsquellen.

β-Ionon gehört zur Stoffklasse der Ketone, sein Molekül enthält eine Ketogruppe. Es sorgt für den typischen Geruch von Veilchen und Heu.

Der spezielle Geruch von frisch geschnittenem Rasen liegt am Hexanal, einem Aldehyd.

2 Butansäureethylester riecht nach Ananas.

4 β-Ionon verursacht den Duft von Veilchen.

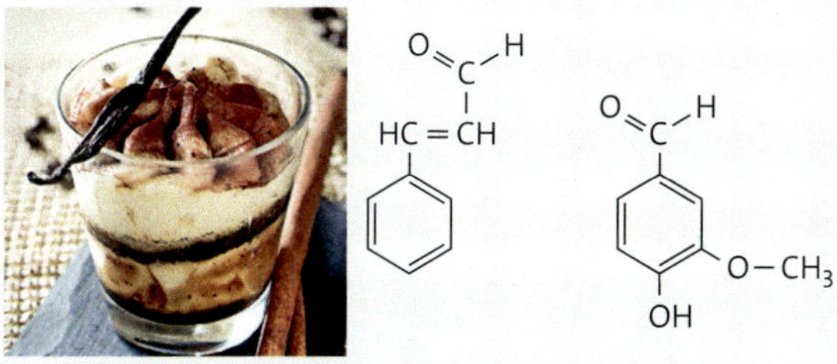

5 Zimtaldehyd (links) und Vanillin (rechts) sorgen häufig für den Duft von Nachspeisen.

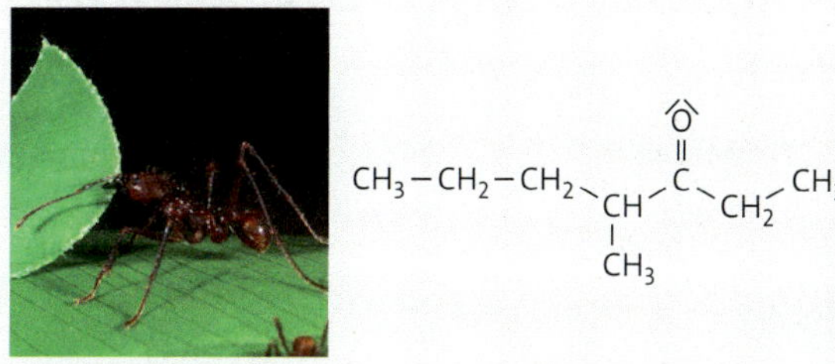

6 4-Methylheptan-3-on, ein Alarmpheromon der Blattschneiderameise

Der Duft der süßen Verführung Süßspeisen sind nicht nur wegen ihres Geschmacks beliebt. Häufig verlocken sie auch durch Vanille- oder Zimtaroma. Dafür sind zwei Aldehyde verantwortlich: **Vanillin** und **Zimtaldehyd** (▸5).
Zimtaldehyd ist ein Bestandteil des Zimtöls, das durch Wasserdampfdestillation aus Zimtrinde gewonnen werden kann. Aufgrund seiner Molekülstruktur löst es sich kaum in Wasser und ist somit einfach vom Destillat abzutrennen.
Vanillin kann aus Vanilleschoten gewonnen werden. Kostengünstiger ist seine Herstellung aus Abfällen, die bei der Holzgewinnung anfallen. Es handelt sich aber um den gleichen Stoff, und er ist für die Verwendung in Lebensmitteln ebenso tauglich wie Vanillin aus Vanilleschoten.

Pheromone Als **Pheromone** werden bestimmte Stoffe bezeichnet, die von Lebewesen abgegeben werden und die bei Vertretern der gleichen Art bestimmte Reaktionen hervorrufen. Dazu gehören u. a. das Anlocken von Geschlechtspartnern (Sexualpheromone), Informationen über Futterquellen (Aggregationspheromone) und die Alarmierung von Artgenossen (Alarmpheromone). Chemiker konnten natürlich vorkommende Pheromone isolieren, und in einigen Fällen ist ihnen auch deren Synthese gelungen, so z. B. beim 4-Methylheptan-3-on, dem Alarmpheromon der Blattschneiderameise. Anwendung finden synthetische Pheromone u. a. in Insektenfallen. Sie verströmen Sexual- oder Aggregationspheromone und locken damit baumschädigende Insekten an. Diese werden in den Fallen gefangen, entweder um ihre Populationsgröße zu ermitteln oder um sie zu töten.

Aufgaben

1 Finden Sie heraus, welcher Wissenschaftler den Begriff „Schlüssel-Schloss-Prinzip“ geprägt hat. Erläutern Sie, was er damit erklären wollte.

2 Eine Lehrkraft schüttet versehentlich Butansäureethylester und etwas Schwefelsäure in den Ausguss, statt sie sachgerecht zu entsorgen. Am nächsten Tag ist der Chemiesaal von einem sehr unangenehmen Schweißgeruch erfüllt. Erklären Sie den Zusammenhang anhand einer chemischen Reaktion.

3 **a** Recherchieren Sie den Begriff „naturidentischer Aromastoff“ und erstellen Sie dazu eine Definition.
b Nennen Sie Gründe, ein Produkt mit naturidentischen Aromastoffen dem mit natürlichen vorzuziehen.

4 Ipsenol ist ein Lockstoff, der in Borkenkäferfallen verwendet wird.

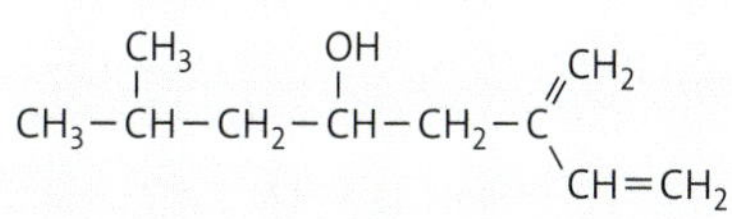

a Benennen Sie die funktionellen Gruppen im Ipsenolmolekül.
b Durch Reaktion mit Kupferoxid (CuO) kann Ipsenol zu Ipsenon oxidiert werden. Zeichnen Sie die Strukturformel von Ipsenon.
c In den Fallen wurden etwa gleich viele männliche und weibliche Borkenkäfer gefunden. Begründen Sie, um welche Art von Pheromon es sich bei Ipsenol handelt.

Alkohole und ihre Oxidationsprodukte

Funktionelle Gruppe	Gruppierung von Atomen in einem Molekül, die die Eigenschaften des Stoffes wesentlich mitbestimmt Wichtige funktionelle Gruppen: 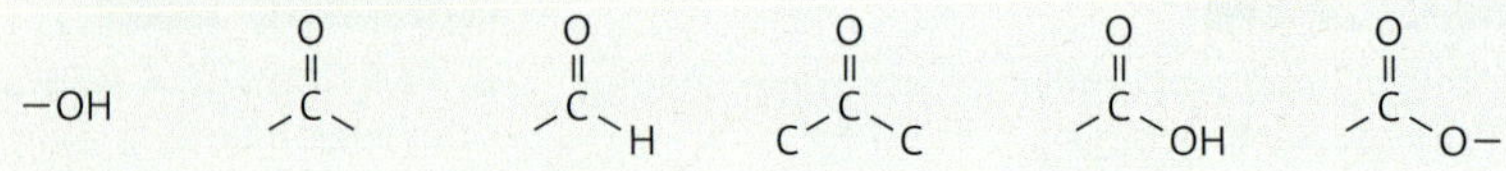 Hydroxygruppe – Carbonylgruppe – Aldehydgruppe – Ketogruppe – Carboxygruppe – Estergruppe
Alkanole	Stoffklasse, deren Moleküle als funktionelle Gruppe eine Hydroxygruppe (–OH) besitzen Allgemeine Molekülformel: $C_nH_{2n+1}OH$, $n \geq 1$
Primäre, sekundäre und tertiäre Alkanole	Je nach Anzahl (1, 2 oder 3) der Kohlenstoffatome, die an das Kohlenstoffatom mit der Hydroxygruppe im Alkanolmolekül gebunden sind, liegt ein primäres (1), sekundäres (2) oder tertiäres (3) Alkanol vor.
Alkanale und Alkanone	Alkanale entstehen durch Oxidation von primären Alkanolen. Ihre funktionelle Gruppe ist die Aldehydgruppe. Alkanone entstehen durch Oxidation von sekundären Alkanolen. Ihre funktionelle Gruppe ist die Ketogruppe.
Alkansäuren	Stoffklasse, deren Moleküle als funktionelle Gruppe eine Carboxygruppe (–COOH) besitzen Allgemeine Molekülformel: $C_nH_{2n+1}COOH$, $n \geq 0$
Eigenschaften der Alkansäuren	Alkansäurelösungen sind saure Lösungen, die mit Indikatoren eine typische Farbänderung zeigen und den elektrischen Strom leiten. Alkansäuren reagieren mit Wasser. $R{-}COOH + H_2O \longrightarrow H_3O^+ + R{-}COO^-$ (R: Alkylrest) Alkansäuren können durch Oxidation aus primären Alkanolen hergestellt werden. primäres Alkanol $\xrightarrow{\text{Oxidation}}$ Alkanal $\xrightarrow{\text{Oxidation}}$ Alkansäure
Ester	entstehen durch die Reaktion von Alkansäuren mit Alkanolen, wobei Wasser abgespalten wird. Die Veresterung ist dabei umkehrbar. Alkansäure + Alkanol $\underset{\text{Esterspaltung}}{\overset{\text{Veresterung}}{\rightleftharpoons}}$ Alkansäureester + Wasser z. B. Ethansäure + Ethanol $\rightleftharpoons$ Ethansäureethylester + Wasser $CH_3{-}COOH + C_2H_5{-}OH \rightleftharpoons CH_3{-}COO{-}C_2H_5 + H_2O$

Aufgaben

1 Die Stoffklasse der Alkanole bilden eine homologe Reihe.

a Geben Sie die allgemeine Molekülformel für die Verbindungen in der homologen Reihe der Alkanole an.

b Nennen Sie den Namen für das Alkanol aus dieser Reihe mit $n = 5$ und zeichnen Sie seine Halbstrukturformel.

c Zeichnen Sie die Halbstrukturformeln der sieben zum Alkanol aus 1b isomeren Alkanole.

d Benennen Sie die Alkanole aus 1c mit systematischem Namen und unterscheiden Sie diese in primäre, sekundäre und tertiäre Alkanole.

2 Methanol und Ethanol sind zwei der wichtigsten Grundstoffe der chemischen Industrie.

a Nennen Sie für jeden der beiden Alkanole zwei großtechnische Anwendungen.

b Methanol wird großtechnisch aus Kohlenstoffmonooxid und Wasserstoff synthetisiert. Dabei entsteht kein Nebenprodukt. Erstellen Sie die Reaktionsgleichung für diese Synthese.

c Begründen Sie über die unterschiedlichen Stoffeigenschaften und die Unterschiede auf molekularer Ebene die größere Anwendungsvielfalt von Methanol und Ethanol im Vergleich zu den Alkanen.

3 Eine Mitschülerin hat die folgende Lösung für die Bestimmung der Oxidationszahlen angegeben:

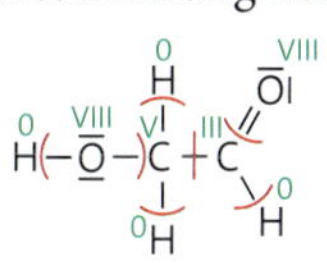

a Beschreiben Sie das Vorgehen beim Ermitteln von Oxidationszahlen am gezeigten Beispiel.

b Geben Sie die von ihr gemachten Fehler an und schließen Sie aus ihren Angaben auf ihr (falsches) Vorgehen. Korrigieren Sie die Fehler.

4 Die Salze der Alkansäuren können auf verschiedenen Wegen hergestellt werden. Entwickeln Sie die Reaktionsgleichungen als Ionengleichungen für folgende Umsetzungen:

a Natrium und Propansäure

b Calciumoxid und Ethansäure

c Bariumhydroxidlösung und Methansäure

5 Alkansäuren bilden wie Alkanole und Alkanale eine homologe Reihe.

a Definieren Sie den Begriff „homologe Reihe".

b Geben Sie für jede der drei homologen Reihen eine allgemeine Molekülformel an.

c Ordnen Sie die Verbindungen Pentanal, Propansäure, Butan-1-ol der entsprechenden homologen Reihe zu und begründen Sie Ihre Zuordnung.

6 Propanal und Propanon entstehen durch Oxidation verschiedener Alkanole.

a Benennen Sie die jeweiligen Alkanole, aus denen Propanal und Propanon hergestellt werden können, und beschreiben Sie ihre Synthese unter Verwendung von Fachbegriffen.

b Propanal und Propanon haben ähnliche Siedetemperaturen und sind sowohl in Wasser als auch in Heptan löslich. Erklären Sie die Ähnlichkeiten anhand der Molekülstrukturen.

c Beschreiben Sie einen einfachen Test, mit dem man beide Verbindungen unterscheiden kann.

d Beide Verbindungen sind brennbar. Bei tiefen Temperaturen reagiert aber nur eine von ihnen mit Sauerstoff. Begründen Sie über die verschiedenen funktionellen Gruppen, welche der beiden Verbindungen mit Sauerstoff reagiert, und benennen Sie die dabei entstehende neue funktionelle Gruppe.

7 Bei einer chemischen Reaktion entstehen Methanol und Dodecan-1-ol.

a Begründen Sie über die Eigenschaften der beiden Alkanole ein Verfahren, sie voneinander zu trennen.

b Schildern Sie die Abfolge chemischer Reaktionen, die notwendig ist, um, ausgehend von den beiden Alkanolen, die Verbindung Methansäuredodecylester zu synthetisieren.

Hilfe zu den Aufgaben finden Sie auf den Seiten ...

1	68, 70	5	68, 74, 82
2	64, 68	6	74, 75
3	71	7	69, 83, 85
4	81, 82		

▶ Die Lösungen finden Sie im Anhang.

Material A: Trübe Aussichten?

Anis-Spirituosen wie Ouzo haben eine Gemeinsamkeit: Sie werden milchig-trüb, wenn man Wasser zusetzt. Dieser Effekt liegt an dem Aromastoff Anethol, der in einer Konzentration zwischen 0,5 und 2 g in einem Liter des Alkohols vorhanden ist. In Ethanol löst er sich sehr gut, in Wasser nicht.
Beim Verdünnen entsteht aus der Lösung eine Emulsion. Es bilden sich winzige Tröpfchen von Anethol, die die Trübung verursachen.

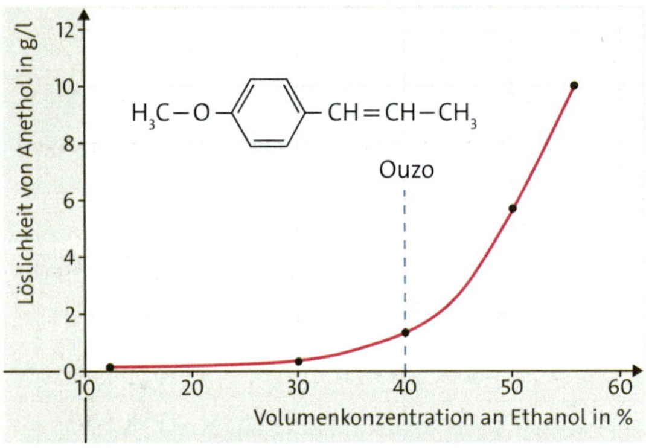

A1 Strukturformel und Löslichkeit von Anethol in Ethanol-Wasser-Lösungen

A2 Trübung von Ouzo beim Verdünnen mit Wasser

1 In Ouzo sind 40 % Ethanol enthalten.
   a Beschreiben Sie die Löslichkeit von Anethol in Ethanol-Wasser-Lösungen mit dem Diagramm (▸ **A1**).
   b Geben Sie die ungefähre Löslichkeit für 30, 40 und 50 % Ethanol an (▸ **A1**).

2 Erklären Sie die Entstehung der Emulsion beim Verdünnen von Ouzo mit Wasser (▸ **A1**, **A2**).

3 Im Gegensatz zu Anethol sind Ethanol und Wasser unbegrenzt ineinander löslich.
Erklären Sie anhand der Strukturformeln von Ethanol und Wasser die gute Löslichkeit.

Material B: Ersatzkaffee

Zur Herstellung von Malzkaffee, ein kaffeeähnliches Produkt, wird u. a. die Wurzel der Zichorie geröstet. Dabei entsteht der Aromastoff Hydroxymethylfurfural, der für das kaffeeähnliche Aroma sorgt.

Zichorien

Verbindung	A	B
Molekülformel	$C_6H_4O_3$	$C_6H_6O_4$
Wasserlöslichkeit	mäßig	gut
Lösung reagiert ...	neutral	sauer

B1 Reaktionsprodukte von Hydroxymethylfurfural

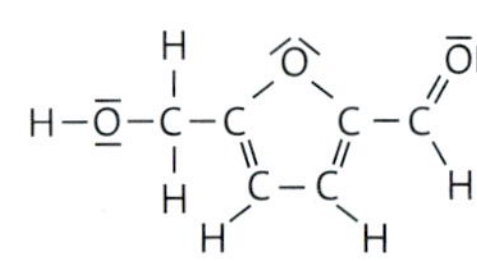

B2 Strukturformel von Hydroxymethylfurfural

1 Übertragen Sie die Strukturformel des Hydroxymethylfurfurals in Ihr Heft (▸ **B2**).
   a Benennen Sie die beiden am Ring des Moleküls befindlichen funktionellen Gruppen.
   b Bestimmen Sie die Oxidationszahlen aller Atome in beiden funktionellen Gruppen.

2 Hydroxymethylfurfural wurde mit zwei oxidierend wirkenden Reagenzien behandelt. Dabei entstanden Verbindung A und B (▸ **B1**).
   a Erstellen Sie die Strukturformeln von A und B und begründen Sie die genannten Eigenschaften.
   b Begründen Sie für A und B die erwartete Reaktivität gegenüber alkalischer Methylenblaulösung (▸ **B1**).

Material C: Formaldehyd

Methanal, auch Formaldehyd genannt, ist einer der wichtigsten Grundstoffe der chemischen Industrie. Es ist u. a. Ausgangsstoff zur Herstellung von Kunststoffen, Lacken und Klebern.

Weil Methanal giftig und unter Verdacht steht, krebserregend zu sein, ist es aber nicht unumstritten.

Als Lösungen mit Wasser wird Methanal zum Konservieren biologischer Präparate und zur Desinfektion genutzt.

Konserviertes Tierpräparat

C1 Verwendung von Methanal

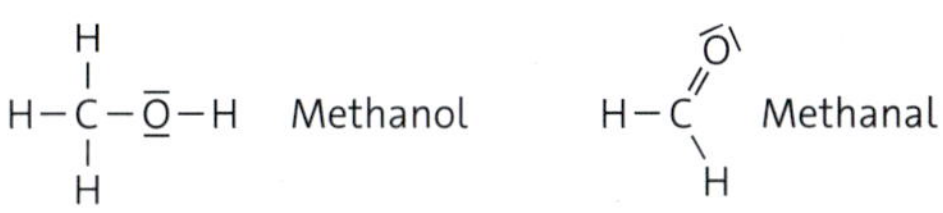

C2 Strukturformel von Methanol und Methanal

1 Großtechnisch wird Methanal aus der katalytischen Oxidation von Methanol hergestellt.
- **a** Vergleichen Sie die strukturellen Merkmale von Methanol und Methanal. Ordnen Sie die Verbindungen jeweils einer Stoffklasse zu (▸**C2**).
- **b** Formulieren Sie die Reaktionsgleichung in Strukturformelschreibweise für die Herstellung von Methanal aus Methanol mit Sauerstoff.
- **c** Zeigen Sie anhand der Oxidationszahlen, dass eine Redoxreaktion vorliegt.

2 Wie Methanal ist auch Methanol sehr gut in Wasser löslich (▸**C1**).
- **a** Erläutern Sie die gute Löslichkeit von Methanal in Wasser mithilfe zwischenmolekularer Kräfte (▸**C2**).
- **b** Stellen Sie eine Vermutung über die Löslichkeit von Methanal mit Methanol auf (▸**C2**).

3 Erklären Sie, warum Methanal im Gegensatz zu Methanol bei Raumtemperatur gasförmig ist, obwohl beide Stoffe aus fast gleich großen und gleich schweren Molekülen aufgebaut sind (▸**C2**).

Material D: Glykol

Glykol ist der Trivialname für Ethan-1,2-diol. Lösungen aus Glykol und Wasser werden z. B. in Autos als Frostschutzmittel im Kühlwasser eingesetzt. Ein 1 : 1-Gemisch gefriert dabei erst ab –40 °C.

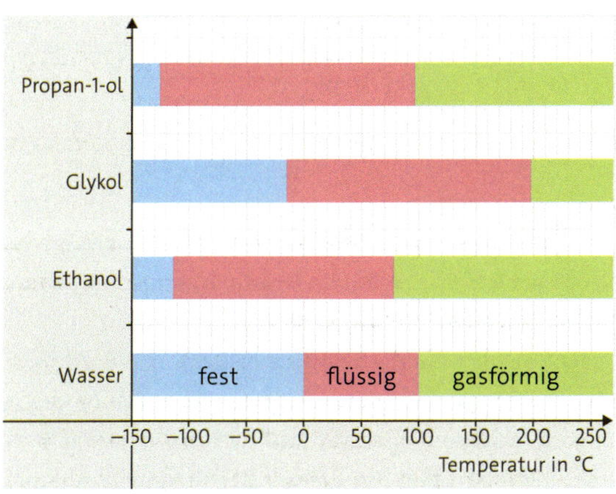

D1 Aggregatzustandsbereiche verschiedener Stoffe

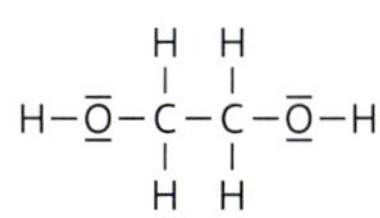

D2 Strukturformel von Glykol

1 Beschreiben Sie die strukturellen Merkmale von Glykol (▸**D2**). Ordnen Sie dem Stoff eine Stoffklasse zu.

2 Diagramm **D1** zeigt die Aggregatzustandsbereiche für Wasser, Ethanol, Propan-1-ol und Glykol.
- **a** Ermitteln Sie mithilfe von **D1** die Schmelz- und Siedetemperaturen der Stoffe.
- **b** Begründen Sie mithilfe struktureller Merkmale der Moleküle die Unterschiede in den Siedetemperaturen.

3 Ethanol und Propan-1-ol gefrieren bei viel niedrigeren Temperaturen als Glykol. Begründen Sie, warum diese Stoffe trotzdem als Frostschutzmittel im Kühlwasser nicht so geeignet sind.

Lösungen der Übungsaufgaben

Kohlenwasserstoffe (Seite 35)

1 a) Element Kohlenstoff

b) Das Kohlenstoffatom ist vierbindig. Kohlenstoffatome verfügen über die Eigenschaft, sich durch Atombindung miteinander zu verbinden. So kann sich eine unbegrenzte Anzahl organischer Verbindungen bilden.

2 a) Vorkommen: in Sumpfgas, Erdgas, Biogas, Klär- und Faulgas, Grubengas

Bedeutung: Heizgas, Kraftstoff und Rohstoff für die chemische Industrie

b) Steckbrief Methan

Farbe:	farblos
Geruch:	geruchlos
Aggregatzustand:	gasförmig
Dichte:	0,72 g/l
Schmelztemperatur:	–182 °C
Siedetemperatur:	–161 °C
Brennbarkeit:	brennt mit bläulicher Flamme; Methan-Luft-Gemische sind explosiv
Löslichkeit:	in Wasser schwer löslich, gut in organischen Lösungsmitteln

c)

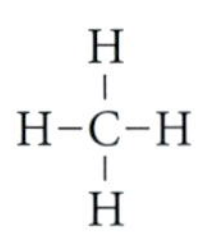

Im Methanmolekül sind die vier Wasserstoffatome jeweils über eine Elektronenpaarbindung mit dem Kohlenstoffatom verbunden. Nach dem Elektronenpaarabstoßungsmodell ordnen sich die Atome tetraederförmig an. Im Zentrum des Tetraeders befindet sich das Kohlenstoffatom, an den vier Ecken sind die Wasserstoffatome.

3 a) Homologe Reihe: Reihe chemisch ähnlicher Verbindungen, bei denen sich die Moleküle aufeinanderfolgender Glieder stets um eine CH_2-Gruppe unterscheiden

b) C_7H_{16} Heptan

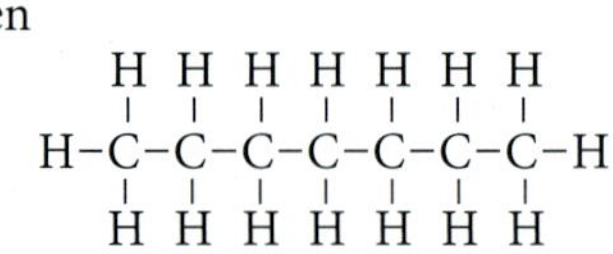

$C_{10}H_{22}$ Decan

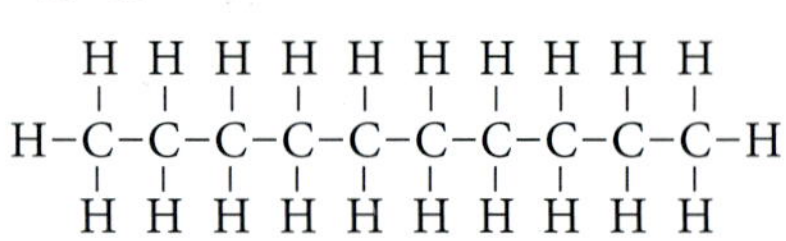

C_5H_{12} Pentan

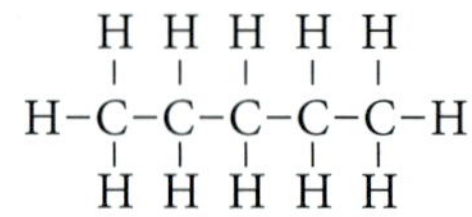

c) $C_{11}H_{24}$; $C_{19}H_{40}$; $C_{24}H_{50}$

Gemeinsame Eigenschaften: leiten den elektrischen Strom nicht, sind hydrophob, nicht mit Wasser mischbar

Unterschiedliche Eigenschaften: Aggregatzustände, Schmelz- und Siedetemperaturen, Dichte, Viskosität, Entzündungstemperaturen

4 2,2-Dimethylbutan und 2,3-Dimethylbutan sind Verbindungen, deren Moleküle die gleiche Molekülformel (C_6H_{14}), aber unterschiedliche Molekülstrukturen und damit auch unterschiedliche Eigenschaften haben.

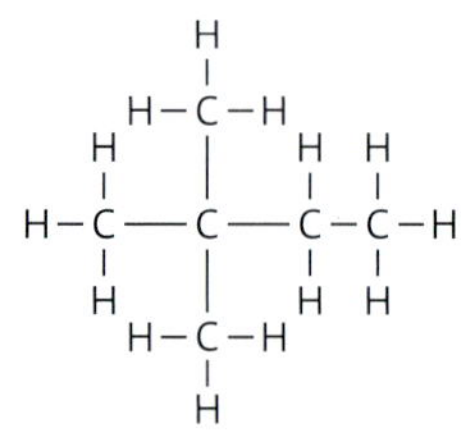

2,2-Dimethylbutan

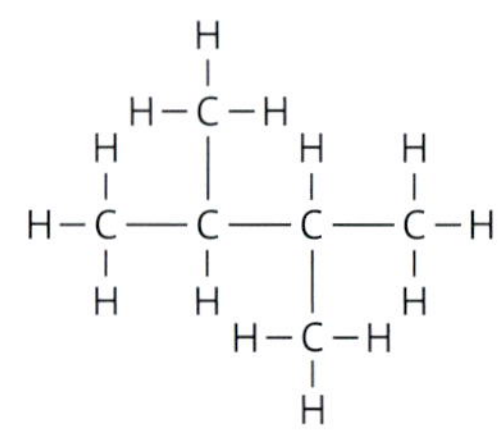

2,3-Dimethylbutan

5 $C_5H_{12}\,(l) + 8\,O_2\,(g) \longrightarrow 5\,CO_2\,(g) + 6\,H_2O\,(l)$ | exotherm

6 a)

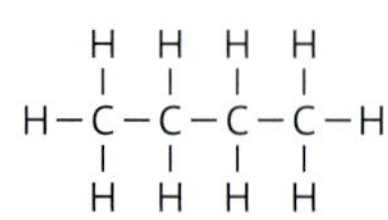

n-Butan

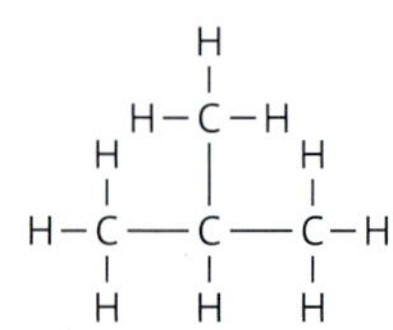

2-Methylpropan

Es handelt sich um Isomere. Beide Moleküle haben die gleiche Molekülformel (C_4H_{10}), aber eine unterschiedliche Molekülstruktur.

b) Da beide Siedetemperaturen einen negativen Wert haben, hat n-Butan mit –0,5 °C die höhere Siedetemperatur.

c) Zwischen den Molekülen von n-Butan wirken schwache Van-der-Waals-Kräfte. Beim Sieden von n-Butan müssen diese überwunden werden.

Die Van-der-Waals-Kräfte zwischen den Molekülen von n-Butan sind größer, weil die Verbindung die größere Siedetemperatur hat. Die Van-der-Waals-Kräfte bilden sich nur an den Berührungspunkten der Moleküle aus. Da die Moleküloberfläche von n-Butan größer ist als von 2-Methylpropan, sind auch die Van-der-Waals-Kräfte größer.

Aufspaltung Moleküle mit kürzerer Kettenlänge gewonnen. Während beim thermischen Cracken die Kohlenwasserstoffmoleküle erst bei hohem Druck und sehr hoher Temperatur gespalten werden, gelingt dies beim katalytischen Cracken energiesparender unter Verwendung eines Katalysators bei niedrigerem Druck und niedrigerer Temperatur. Der Katalysator setzt die Aktivierungsenergie herab, sodass die Spaltung bei niedrigerer Temperatur stattfinden kann. Zudem laufen die Reaktionen mit Katalysator schneller ab.

4 a) Die Oktanzahl (OZ) ist ein Maß für die Klopffestigkeit eines Ottokraftstoffs. Je größer die Oktanzahl ist, desto größer ist der Anteil stark verzweigter Moleküle und desto klopffester ist der Kraftstoff.
OZ 95 bedeutet, dass sich der Kraftstoff wie ein Gemisch aus 95 % Isooctan und 5 % Heptan verhält.
OZ 98 bedeutet, dass sich der Kraftstoff wie ein Gemisch aus 98 % Isooctan und 2 % Heptan verhält.
b) Super-Benzin enthält einen größeren Anteil an unverzweigten Kohlenwasserstoffen als Super-Plus-Benzin und ist daher weniger klopffest. Der Motor würde auf Dauer Schaden nehmen, da sein Zündverhalten auf hochoktaniges Benzin abgestimmt ist. Das Klopfen ist schädlich für den Motor, da es auf Dauer zu stark erhöhtem Materialverschleiß bis hin zur Zerstörung des Motors führen kann. Ein einmaliges Versehen ist nicht extrem schädlich, man sollte aber schnell nachtanken, um den Anteil des Kraftstoffs mit höherer Oktanzahl wieder zu erhöhen.

5 a)
Gegeben: $m(\text{Autogas}) = 5\,\text{kg}$ pro 100 km,
$M(C_3H_8) = 44\,\frac{\text{g}}{\text{mol}}$, $M(C_4H_{10}) = 58\,\frac{\text{g}}{\text{mol}}$,
$M(CO_2) = 44\,\frac{\text{g}}{\text{mol}}$
Gesucht: $m(CO_2)$ pro km
Lösung:
Autogas besteht jeweils zur Hälfte aus Propan und Butan.

$C_3H_8\,(g) + 5\,O_2\,(g) \longrightarrow 3\,CO_2\,(g) + 4\,H_2O\,(g)$

$2\,C_4H_{10}\,(g) + 13\,O_2\,(g) \longrightarrow 8\,CO_2\,(g) + 10\,H_2O\,(g)$

Die verbrauchte Masse an Autogas verteilt sich jeweils zur Hälfte auf die Masse von Propan und Butan.

Propan:

$$m(CO_2) = \frac{n(CO_2)}{n(C_3H_8)} \cdot \frac{M(CO_2)}{M(C_3H_8)} \cdot m(C_3H_8) = \frac{3}{1} \cdot \frac{44\,\frac{\text{g}}{\text{mol}}}{44\,\frac{\text{g}}{\text{mol}}} \cdot 2\,500\,\text{g} = 7\,500\,\text{g}$$

Butan:

$$m(CO_2) = \frac{n(CO_2)}{n(C_4H_{10})} \cdot \frac{M(CO_2)}{M(C_4H_{10})} \cdot m(C_4H_{10}) = \frac{8}{2} \cdot \frac{44\,\frac{\text{g}}{\text{mol}}}{58\,\frac{\text{g}}{\text{mol}}} \cdot 2\,500\,\text{g} = 7\,586\,\text{g}$$

Gesamtmasse:
$m(CO_2) = 7\,500\,\text{g} + 7\,586\,\text{g} = 15\,086\,\text{g}$
Entspricht:
$m(CO_2) = 150{,}86\,\text{g}$ pro km
Antwort: Der Kohlenstoffdioxidausstoß beträgt 150,86 g pro gefahrenem Kilometer.

b)
Gegeben: Heizwert $= 46\,\frac{\text{kJ}}{\text{g}}$, $M(C_3H_8) = 44\,\frac{\text{g}}{\text{mol}}$,
$M(C_4H_{10}) = 58\,\frac{\text{g}}{\text{mol}}$
Gesucht: Energie für 1 mol CO_2
Lösung:
Propan:
$46\,\frac{\text{kJ}}{\text{g}} \cdot 44\,\frac{\text{g}}{\text{mol}} = 2\,024\,\frac{\text{kJ}}{\text{mol}}$
$\frac{1}{3} \cdot 2\,024\,\frac{\text{kJ}}{\text{mol}} = 674{,}7\,\frac{\text{kJ}}{\text{mol}}$
Butan:
$46\,\frac{\text{kJ}}{\text{g}} \cdot 58\,\frac{\text{g}}{\text{mol}} = 2\,668\,\frac{\text{kJ}}{\text{mol}}$
$\frac{1}{4} \cdot 2\,668\,\frac{\text{kJ}}{\text{mol}} = 667{,}0\,\frac{\text{kJ}}{\text{mol}}$
Autogas:
$\frac{1}{2} \cdot (674{,}7\,\frac{\text{kJ}}{\text{mol}} + 667{,}0\,\frac{\text{kJ}}{\text{mol}}) = 670{,}9\,\frac{\text{kJ}}{\text{mol}}$
Antwort: Bei der Verbrennung von Autogas wird eine Energie von 670,9 kJ für 1 mol gebildetes Kohlenstoffdioxid freigesetzt.

c) Autogas hat einen höheren Heizwert als Benzin oder Diesel, weshalb für die gleiche Fahrleistung weniger Treibstoff benötigt wird. Zudem wird auch mehr Energie bei der Bildung von 1 mol Kohlenstoffdioxid freigesetzt. Autogas ist daher eine ökologisch sinnvolle Alternative.

6 a) Erdgas besteht hauptsächlich aus Methan. Weitere brennbare Bestandteile sind Ethan, Propan und Butan.

$CH_4\,(g) + 2\,O_2\,(g) \longrightarrow CO_2\,(g) + 2\,H_2O\,(g)$

$2\,C_2H_6\,(g) + 7\,O_2\,(g) \longrightarrow 4\,CO_2\,(g) + 6\,H_2O\,(g)$

$C_3H_8\,(g) + 5\,O_2\,(g) \longrightarrow 3\,CO_2\,(g) + 4\,H_2O\,(g)$

$2\,C_4H_{10}\,(g) + 13\,O_2\,(g) \longrightarrow 8\,CO_2\,(g) + 10\,H_2O\,(g)$

b) Im Vergleich zu Erdöl ist Erdgas ein sauberer fossiler Brennstoff. Bei der Verbrennung des Hauptbestandteils Methan entstehen Kohlenstoffdioxid und Wasser. Erdöl besteht aus langkettigen Alkanen, das bei der Verbrennung Ruß freisetzt. Darüber hinaus muss Erdöl in energieaufwendigen Prozessen gereinigt, in seine Bestandteile getrennt sowie aufgearbeitet werden, um z. B. als Benzin im Auto verwendet werden zu können.

c)

Kleinstlebewesen
|
Faulschlamm
|
Erdölmuttergestein
|
Erdgas/Erdöl

7 Ein Zusatz von ETBE würde das Problem nicht lösen, denn ETBE ist ein Additiv und wirkt als Antiklopfmittel. Im Winter herrschen niedrige Temperaturen. Daher muss das Kraftstoffgemisch im Winter leichter flüchtig als im Sommer sein. Dies kann durch Erhöhung des Anteils kurzkettiger Kohlenwasserstoffe erreicht werden. Je kürzer die Kettenlänge eines Kohlenwasserstoffmoleküls ist, desto kleiner sind die Anziehungskräfte (Van-der-Waals-Kräfte) zwischen ihnen. Damit verringert sich die Zähigkeit (die Viskosität) des Kraftstoffs und die Flüchtigkeit wird erhöht. Eine Erniedrigung des Anteils an kurzkettigen Kohlenwasserstoffen wäre somit kontraproduktiv. Dies könnte man aber bei besonders heißen Sommern anwenden, um die Flüchtigkeit herabzusetzen.

8 a) Als natürlichen Treibhauseffekt bezeichnet man die natürliche Erwärmung der Erdoberfläche durch Treibhausgase wie Kohlenstoffdioxid oder Wasserdampf. Die Treibhausgase verändern die Strahlungsbilanz der Erde, da sie ein Teil der von der Erdoberfläche reflektierten Wärmestrahlung zurückhalten. Durch das Verbrennen fossiler Energieträger gelangen riesige Mengen von zusätzlichem Kohlenstoffdioxid in die Atmosphäre. Dieses verhindert zusätzlich zu den natürlichen Treibhausgasen das Zurückstrahlen von Wärme in das Weltall und führt zu einer zusätzlichen Erwärmung der Erdoberfläche.

b) Bei der Verbrennung fossiler Brennstoffe durch den Menschen entsteht eine große Menge an Kohlenstoffdioxid, das den natürlichen Kreislauf des Kohlenstoffs erheblich beeinflusst und den natürlichen Treibhauseffekt verstärkt. Zudem stehen fossile Brennstoffe nicht unbegrenzt zur Verfügung. Werden jedoch nachwachsende pflanzliche Produkte verbrannt, wird nur so viel Kohlenstoffdioxid freigesetzt, wie zuvor aus der Luft chemisch gebunden wurde. Damit kann der Verstärkung des natürlichen Treibhauseffekts entgegengewirkt werden.

Eine vollständige Energieversorgung durch nachwachsende Rohstoffe ist zum jetzigen Zeitpunkt jedoch noch nicht möglich.

c)

Einsparung von Energie	**Nutzung regenerativer Energiequellen**
– Einsparen von elektrischer Energie, z. B. durch Verwendung von Energiesparlampen oder modernen (energiesparenden) Elektrogeräten, Ausschalten nicht benötigter Geräte, Vermeidung der Stand-by-Funktion – Nutzung öffentlicher Verkehrsmittel statt des Pkw, unnötige Fahrten vermeiden, Fahrgemeinschaften bilden – Richtiges Heizen und Lüften, z. B. Fenster im Winter nicht Ankippen, Räume nicht unnötig überheizen	– z. B. Stromanbieter wechseln, Verträge mit „Ökostrom" nutzen – Pkws mit alternativen Antrieben ausrüsten/nutzen, z. B. Biodiesel oder Autogas – Installation einer Fotovoltaik- oder Solarthermieanlage, z. B. als Projekt in der Schule

Alkohole und ihre Oxidationsprodukte (Seite 89)

1 a) $C_nH_{2n+1}OH$

b) $CH_3-CH_2-CH_2-CH_2-CH_2-OH$

Pentan-1-ol

c) und d)

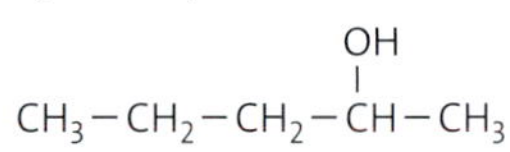

Pentan-2-ol (sekundär)

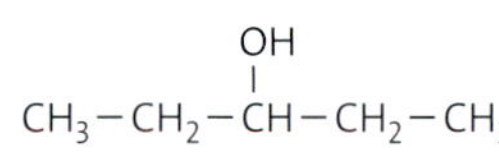

Pentan-3-ol (sekundär)

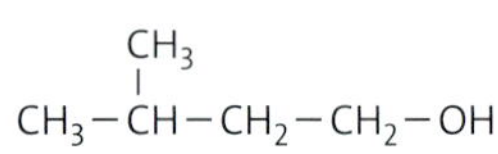

3-Methylbutan-1-ol (primär)

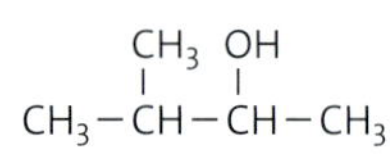

3-Methylbutan-2-ol (sekundär)

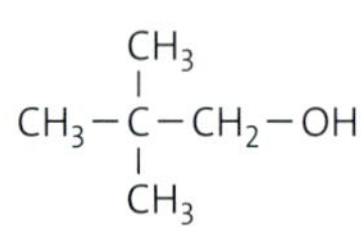

2,2-Dimethylpropan-1-ol (primär)

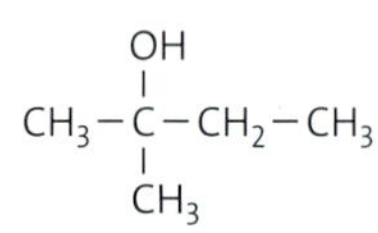

2-Methylbutan-2-ol (tertiär)

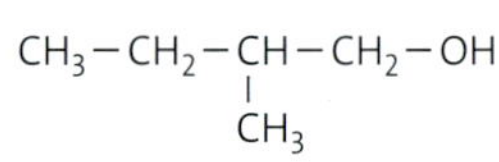

2-Methylbutan-1-ol (primär)

2 a) Ethanol: Lösungsmittel, Treibstoff
Methanol: Ausgangsstoff für Farb- und Kunststoffe, zur Gewinnung von Treibstoff

b) $CO\ (g) + 2\ H_2\ (g) \longrightarrow CH_3OH\ (l)$

c) Methanol- und Ethanolmoleküle besitzen im Gegensatz zu Alkanmolekülen die Hydroxygruppe als funktionelle Gruppe. Dadurch können diese Alkanole Stoffe lösen, z. B. Wasser und andere hydrophile Stoffe, die sich in Alkanen nicht lösen. Durch Oxidation der funktionellen Gruppe zur Aldehyd- bzw. Carboxygruppe können aus Methanol und Ethanol die entsprechenden Aldehyde und Carbonsäuren synthetisiert werden, die ebenfalls einen großen Anwendungsbereich haben.

3 a)
1. Strukturformel der Verbindung notieren.
2. Dem Atom mit der jeweiligen größeren Elektronegativität (EN-Wert) werden die Elektronen der Elektronenpaarbindung zugeordnet. In der Abbildung ist das durch das Einzeichnen der roten Bögen ersichtlich. So hat das Wasserstoffatom die geringste Elektronegativität, das Kohlenstoffatom eine mittlere Elektronegativität und das Sauerstoffatom die größte Elektronegativität.
3. Die Oxidationszahl für jedes Atom ergibt sich aus der Differenz der ursprünglichen Anzahl an Außenelektronen und der Anzahl an zugeordneten Elektronen.
b) Die Mitschülerin hat die Schritte 1 und 2 richtig gemacht. Bei Schritt 3 hat sie allerdings nicht die Differenz gebildet, sondern als Oxidationszahlen die Anzahl zugeordneter Elektronen verwendet.

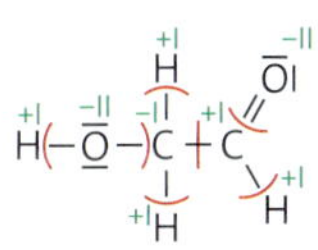

4 a) $2\ Na + 2\ H_3O^+ + 2\ C_2H_5COO^- \longrightarrow 2\ Na^+ + 2\ C_2H_5COO^- + H_2 + 2\ H_2O$
b) $CaO + 2\ H_3O^+ + 2\ CH_3COO^- \longrightarrow 2\ CH_3COO^- + Ca^{2+} + 3\ H_2O$
c) $Ba^{2+} + 2\ OH^- + 2\ H_3O^+ + 2\ HCOO^- \longrightarrow Ba^{2+} + 2\ HCOO^- + 4\ H_2O$

5 a) Unter einer „homologen Reihe" versteht man eine Gruppe von chemisch ähnlichen Verbindungen. Die Moleküle von zwei aufeinanderfolgenden Verbindungen unterscheiden sich durch eine CH_2-Gruppe.
b) Alkansäuren: $C_nH_{2n+1}COOH$ mit $n \geq 0$
Alkanale: $C_nH_{2n+1}CHO$ mit $n \geq 0$
Alkanole: $C_nH_{2n+1}OH$ mit $n \geq 1$
c) Pentanal, ein Alkanal:
Summenformel $C_4H_9CHO \longrightarrow$ fünftes Glied der homologen Reihe der Alkanale
Propansäure, eine Alkansäure:
Summenformel $C_2H_5COOH \longrightarrow$ drittes Glied der homologen Reihe der Alkansäuren
Butan-1-ol, ein Alkanol:
Summenformel $C_4H_9OH \longrightarrow$ viertes Glied der homologen Reihe Alkanole

6 a) Propanal entsteht durch Oxidation von Propan-1-ol mit heißem Kupferoxid (CuO). Das Kupferoxid wird dabei zu Kupfer reduziert, als Nebenprodukt entsteht Wasser.
Die Synthese von Propanon verläuft analog, wobei von Propan-2-ol ausgegangen wird.
b) Die Moleküle beider Verbindungen besitzen unpolare Methyl- bzw. Ethylgruppen und eine polare Carbonylgruppe. Zwischen den Molekülen, die etwa gleich groß sind, herrschen somit Van-der-Waals-Kräfte und Dipol-Dipol-Kräfte von nahezu gleicher Stärke. Dies erklärt die ähnlichen Siedetemperaturen. Die Carbonylgruppen können über die freien Elektronenpaare des Sauerstoffatoms Wasserstoffbrücken zu den Wasserstoffatomen im Wassermolekül ausbilden, wodurch die gute Wasserlöslichkeit erklärt wird. Die unpolaren Methyl- bzw. Ethylgruppen können über Van-der-Waals-Kräfte mit den Heptanmolekülen wechselwirken, was die Löslichkeit in diesem Lösungsmittel bedingt.
c) Nur Propanal (Aldehyd) ändert die Farbe von Fehling von Blau nach Rot.
d) Die Aldehydgruppe wird durch Sauerstoff zur Carboxygruppe oxidiert, die Ketogruppe kann ohne Bruch einer C–C-Bindung nicht oxidiert werden und reagiert deshalb bei Raumtemperatur nicht mit Sauerstoff. Deshalb reagiert nur Propanal mit Sauerstoff, wobei Propansäure entsteht.

7 a) Die Siedetemperaturen von Methanol (65 °C) und Dodecan-1-ol (259 °C) unterscheiden sich stark. Deshalb können die beiden Alkanole über eine Destillation voneinander getrennt werden. Methanol verdampft, während Dodecan-1-ol als Flüssigkeit zurückbleibt.
b) Methansäuredodecylester entsteht durch Reaktion von Methansäure mit Dodecan-1-ol. Methansäure kann durch Oxidation mit Kupferoxid bzw. Sauerstoff aus Methanol gewonnen werden. Als Zwischenprodukt entsteht dabei Methanal. Anschließend werden gleiche Stoffmengen von Methansäure und Dodecan-1-ol gemischt, Schwefelsäure (Katalysator) zugesetzt und die Mischung erhitzt, um das entstehende Wasser zu verdampfen. Im Reaktionsgefäß verbleiben Methansäuredodecylester und Schwefelsäure. Eine Trennung der beiden Stoffe kann z. B. durch Extraktion mit Heptan gelingen.

Einstufung von Gefahrstoffen nach dem GHS-System

Seit 2009 erfolgt die Einstufung von Chemikalien nach dem GHS (*Globally Harmonised System of Classification and Labelling of Chemicals*). Dabei werden Gefahrstoffe mit international einheitlichen Gefahrenpiktogrammen, Gefahrenhinweisen (H-Sätze) und Sicherheitshinweisen (P-Sätze) versehen. Die Übergangsfristen für die bisherigen Verordnungen sind seit dem 1. Juni 2017 ausgelaufen.

Gefahren-piktogramm und Piktogrammcode	Mit dem Gefahrenpiktogramm gekennzeichnete Stoffe und Gemische	Signalwort	Zugehörige Gefahrenhinweise (H-Sätze)
 GHS01	explosive und sehr gefährliche selbstzersetzliche Stoffe und Gemische sowie sehr gefährliche organische Peroxide	Gefahr	H200, H201, H202, H203, H240, H241 (mit GHS02)
		Achtung	H204
 GHS02	entzündbare, selbsterhitzungsfähige und gefährliche selbstzersetzliche Stoffe und Gemische, pyrophore Stoffe sowie Stoffe und Gemische, die bei Berührung mit Wasser entzündbare Gase entwickeln	Gefahr	H220, H222, H229, H224, H225, H228 (Kat. 1), H250, H251, H260, H261 (Kat. 2)
		Achtung	H221, H223, H229, H226, H228 (Kat. 2), H252, H261 (Kat. 3)
 GHS02	selbstzersetzliche Stoffe und Gemische sowie gefährliche organische Peroxide	Gefahr oder Achtung	H242
 GHS03	Stoffe und Gemische mit oxidierender Wirkung	Gefahr	H270, H271, H272 (Kat. 2)
		Achtung	H272 (Kat. 3)
 GHS04*	Gase unter Druck	Achtung	H280, H281
 GHS05	Stoffe und Gemische, die korrosiv auf Metalle wirken	Achtung	H290
 GHS05	Stoffe und Gemische, die schwere Verätzungen der Haut und/oder schwere Augenschäden verursachen	Gefahr	H314, H318
 GHS07	Stoffe und Gemische, die Haut- und/oder schwere Augenreizungen verursachen können	Achtung	H315, H319
 GHS06	lebensgefährliche und giftige Stoffe und Gemische	Gefahr	H300, H310, H330, H301, H311, H331
 GHS07	gesundheitsschädliche Stoffe und Gemische	Achtung	H302, H312, H332
 GHS08	Stoffe und Gemische, die bei Verschlucken und Eindringen in die Atemwege tödlich sein können und/oder eine Gefahr für die Gesundheit darstellen. Diese Stoffe und Gemische schädigen bestimmte Organe und/oder können Krebs erzeugen, die Fruchtbarkeit beeinträchtigen, das Kind im Mutterleib schädigen und/oder genetische Defekte und/oder beim Einatmen Allergien, asthmaartige Symptome oder Atembeschwerden verursachen.	Gefahr	H304, H334, H340, H350, H350i, H360, H360F, H360D, H360FD, H370, H372
		Achtung	H341, H351, H361, H361f, H361d, H361fd, H371, H373
 GHS07	Stoffe oder Gemische, die allergische Hautreaktionen, Reizungen der Atemwege und/oder Schläfrigkeit und Benommenheit verursachen können	Achtung	H317, H335, H336
 GHS09	Stoffe und Gemische, die sehr giftig oder giftig für Wasserorganismen sind	Achtung	H400, H410, H411 (kein Signalwort)

* Die in den Experimenten verwendeten Gase stehen meist nicht unter Druck, daher wird dort in der Regel auf diese Kennzeichnung verzichtet. In der Gefahrstoffliste sind alle Gase auch mit GHS04 gekennzeichnet.

Gefahrenhinweise (H-Sätze)

Gefahrenhinweise für physikalische Gefahren

H200	Instabil, explosiv.
H201	Explosiv, Gefahr der Massenexplosion.
H202	Explosiv; große Gefahr durch Splitter, Spreng- und Wurfstücke.
H203	Explosiv; Gefahr durch Feuer, Luftdruck oder Splitter, Spreng- und Wurfstücke.
H204	Gefahr durch Feuer oder Splitter, Spreng- und Wurfstücke.
H205	Gefahr der Massenexplosion bei Feuer.
H220	Extrem entzündbares Gas.
H221	Entzündbares Gas.
H222	Extrem entzündbares Aerosol.
H223	Entzündbares Aerosol.
H224	Flüssigkeit und Dampf extrem entzündbar.
H225	Flüssigkeit und Dampf leicht entzündbar.
H226	Flüssigkeit und Dampf entzündbar.
H228	Entzündbarer Feststoff.
H229	Behälter steht unter Druck: kann bei Erwärmung bersten.
H230	Kann auch in Abwesenheit von Luft explosionsartig reagieren.
H231	Kann auch in Abwesenheit von Luft bei erhöhtem Druck und/oder erhöhter Temperatur explosionsartig reagieren.
H240	Erwärmung kann Explosion verursachen.
H241	Erwärmung kann Brand oder Explosion verursachen.
H242	Erwärmung kann Brand verursachen.
H250	Entzündet sich in Berührung mit Luft von selbst.
H251	Selbsterhitzungsfähig; kann in Brand geraten.
H252	In großen Mengen selbsterhitzungsfähig; kann in Brand geraten.
H260	In Berührung mit Wasser entstehen entzündbare Gase, die sich spontan entzünden können.
H261	In Berührung mit Wasser entstehen entzündbare Gase.
H270	Kann Brand verursachen oder verstärken; Oxidationsmittel.
H271	Kann Brand oder Explosion verursachen; starkes Oxidationsmittel.
H272	Kann Brand verstärken; Oxidationsmittel.
H280	Enthält Gas unter Druck; kann bei Erwärmung explodieren.
H281	Enthält tiefkaltes Gas; kann Kälteverbrennungen oder -verletzungen verursachen.
H290	Kann gegenüber Metallen korrosiv sein.

Gefahrenhinweise für Gesundheitsgefahren

H300	Lebensgefahr bei Verschlucken.
H301	Giftig bei Verschlucken.
H302	Gesundheitsschädlich bei Verschlucken.
H304	Kann bei Verschlucken und Eindringen in die Atemwege tödlich sein.
H310	Lebensgefahr bei Hautkontakt.
H311	Giftig bei Hautkontakt.
H312	Gesundheitsschädlich bei Hautkontakt.
H314	Verursacht schwere Verätzungen der Haut und schwere Augenschäden.
H315	Verursacht Hautreizungen.
H317	Kann allergische Hautreaktionen verursachen.
H318	Verursacht schwere Augenschäden.
H319	Verursacht schwere Augenreizung.
H330	Lebensgefahr bei Einatmen.
H331	Giftig bei Einatmen.
H332	Gesundheitsschädlich bei Einatmen.
H334	Kann bei Einatmen Allergie, asthmaartige Symptome oder Atembeschwerden verursachen.
H335	Kann die Atemwege reizen.
H336	Kann Schläfrigkeit und Benommenheit verursachen.
H340	Kann genetische Defekte verursachen *<Expositionsweg angeben, sofern schlüssig belegt ist, dass diese Gefahr bei keinem anderen Expositionsweg besteht>*.
H341	Kann vermutlich genetische Defekte verursachen *<Expositionsweg angeben, sofern schlüssig belegt ist, dass diese Gefahr bei keinem anderen Expositionsweg besteht>*.
H350	Kann Krebs erzeugen *<Expositionsweg angeben, sofern schlüssig belegt ist, dass diese Gefahr bei keinem anderen Expositionsweg besteht>*.
H350i	Kann beim Einatmen Krebs erzeugen.
H351	Kann vermutlich Krebs erzeugen *<Expositionsweg angeben, sofern schlüssig belegt ist, dass diese Gefahr bei keinem anderen Expositionsweg besteht>*.
H360	Kann die Fruchtbarkeit beeinträchtigen oder das Kind im Mutterleib schädigen *<konkrete Wirkung angeben, sofern bekannt> <Expositionsweg angeben, sofern schlüssig belegt ist, dass die Gefahr bei keinem anderen Expositionsweg besteht>*.
H360F	Kann die Fruchtbarkeit beeinträchtigen.
H360D	Kann das Kind im Mutterleib schädigen.
H360FD	Kann die Fruchtbarkeit beeinträchtigen. Kann das Kind im Mutterleib schädigen.
H360Fd	Kann die Fruchtbarkeit beeinträchtigen. Kann vermutlich das Kind im Mutterleib schädigen.
H360Df	Kann das Kind im Mutterleib schädigen. Kann vermutlich die Fruchtbarkeit beeinträchtigen.
H361	Kann vermutlich die Fruchtbarkeit beeinträchtigen oder das Kind im Mutterleib schädigen *<konkrete Wirkung angeben, sofern bekannt> <Expositionsweg angeben, sofern schlüssig belegt ist, dass die Gefahr bei keinem anderen Expositionsweg besteht>*.
H361f	Kann vermutlich die Fruchtbarkeit beeinträchtigen.
H361d	Kann vermutlich das Kind im Mutterleib schädigen.
H361fd	Kann vermutlich die Fruchtbarkeit beeinträchtigen. Kann vermutlich das Kind im Mutterleib schädigen.
H362	Kann Säuglinge über die Muttermilch schädigen.
H370	Schädigt die Organe *<oder alle betroffenen Organe nennen, sofern bekannt> <Expositionsweg angeben, sofern schlüssig belegt ist, dass diese Gefahr bei keinem anderen Expositionsweg besteht>*.
H371	Kann die Organe schädigen *<oder alle betroffenen Organe nennen, sofern bekannt> <Expositionsweg angeben, sofern schlüssig belegt ist, dass diese Gefahr bei keinem anderen Expositionsweg besteht>*.
H372	Schädigt die Organe *<alle betroffenen Organe nennen>* bei längerer oder wiederholter Exposition *<Expositionsweg angeben, wenn schlüssig belegt ist, dass diese Gefahr bei keinem anderen Expositionsweg besteht>*.
H373	Kann die Organe schädigen *<alle betroffenen Organe nennen, sofern bekannt>* bei längerer oder wiederholter Exposition *<Expositionsweg angeben, wenn schlüssig belegt ist, dass diese Gefahr bei keinem anderen Expositionsweg besteht>*.

Gefahrenhinweise für Umweltgefahren

H400	Sehr giftig für Wasserorganismen.
H410	Sehr giftig für Wasserorganismen, mit langfristiger Wirkung.
H411	Giftig für Wasserorganismen, mit langfristiger Wirkung.
H412	Schädlich für Wasserorganismen, mit langfristiger Wirkung.
H413	Kann für Wasserorganismen schädlich sein, mit langfristiger Wirkung.
H420	Schädigt die öffentliche Gesundheit und die Umwelt durch Ozonabbau in der äußeren Atmosphäre.

Ergänzende Gefahrenmerkmale

Physikalische Eigenschaften

EUH001	In trockenem Zustand explosionsgefährlich.
EUH014	Reagiert heftig mit Wasser.
EUH018	Kann bei Verwendung explosionsfähige/entzündbare Dampf/Luft-Gemische bilden.
EUH019	Kann explosionsfähige Peroxide bilden.
EUH044	Explosionsgefahr bei Erhitzen unter Einschluss.

Gesundheitsgefährliche Eigenschaften

EUH029	Entwickelt bei Berührung mit Wasser giftige Gase.
EUH031	Entwickelt bei Berührung mit Säure giftige Gase.
EUH032	Entwickelt bei Berührung mit Säure sehr giftige Gase.
EUH066	Wiederholter Kontakt kann zu spröder oder rissiger Haut führen.
EUH070	Giftig bei Berührung mit den Augen.
EUH071	Wirkt ätzend auf die Atemwege.

Ergänzende Kennzeichnungselemente / Informationen über bestimmte Stoffe und Gemische

EUH201	Enthält Blei. Nicht für den Anstrich von Gegenständen verwenden, die von Kindern gekaut oder gelutscht werden könnten.
EUH201A	Achtung! Enthält Blei.
EUH202	Cyanacrylat. Gefahr. Klebt innerhalb von Sekunden Haut und Augenlider zusammen. Darf nicht in die Hände von Kindern gelangen.
EUH203	Enthält Chrom (VI). Kann allergische Reaktionen hervorrufen.
EUH204	Enthält Isocyanate. Kann allergische Reaktionen hervorrufen.
EUH205	Enthält epoxidhaltige Verbindungen. Kann allergische Reaktionen hervorrufen.
EUH206	Achtung! Nicht zusammen mit anderen Produkten verwenden, da gefährliche Gase (Chlor) freigesetzt werden können.
EUH207	Achtung! Enthält Cadmium. Bei der Verwendung entstehen gefährliche Dämpfe. Hinweise des Herstellers beachten. Sicherheitsanweisungen einhalten.
EUH208	Enthält *<Name des sensibilisierenden Stoffes>*. Kann allergische Reaktionen hervorrufen.
EUH209	Kann bei Verwendung leicht entzündbar werden.
EUH209A	Kann bei Verwendung entzündbar werden.
EUH210	Sicherheitsdatenblatt auf Anfrage erhältlich.
EUH401	Zur Vermeidung von Risiken für Mensch und Umwelt die Gebrauchsanleitung einhalten.

Anhang

Sicherheitshinweise (P-Sätze)

Sicherheitshinweise – Allgemeines

P101	Ist ärztlicher Rat erforderlich, Verpackung oder Kennzeichnungsetikett bereithalten.
P102	Darf nicht in die Hände von Kindern gelangen.
P103	Vor Gebrauch Kennzeichnungsetikett lesen.

Sicherheitshinweise – Prävention

P201	Vor Gebrauch besondere Anweisungen einholen.
P202	Vor Gebrauch alle Sicherheitshinweise lesen und verstehen.
P210	Von Hitze/Funken/offener Flamme/heißen Oberflächen fernhalten. Nicht rauchen.
P211	Nicht gegen offene Flamme oder andere Zündquelle sprühen.
P220	Von Kleidung/.../brennbaren Materialien fernhalten/ entfernt aufbewahren.
P221	Mischen mit brennbaren Stoffen/... unbedingt verhindern.
P222	Kontakt mit Luft nicht zulassen.
P223	Kontakt mit Wasser wegen heftiger Reaktion und möglichem Aufflammen unbedingt verhindern.
P230	Feucht halten mit ...
P231	Unter inertem Gas handhaben.
P232	Vor Feuchtigkeit schützen.
P233	Behälter dicht verschlossen halten.
P234	Nur im Originalbehälter aufbewahren.
P235	Kühl halten.
P240	Behälter und zu befüllende Anlage erden.
P241	Explosionsgeschützte elektrische Betriebsmittel/ Lüftungsanlagen/Beleuchtung/... verwenden.
P242	Nur funkenfreies Werkzeug verwenden.
P243	Maßnahmen gegen elektrostatische Aufladungen treffen.
P244	Druckminderer frei von Fett und Öl halten.
P250	Nicht schleifen/stoßen/.../reiben.
P251	Behälter steht unter Druck: Nicht durchstechen oder verbrennen, auch nicht nach der Verwendung.
P260	Staub/Rauch/Gas/Nebel/Dampf/Aerosol nicht einatmen.
P261	Einatmen von Staub/Rauch/Gas/Nebel/Dampf/Aerosol vermeiden.
P262	Nicht in die Augen, auf die Haut oder auf die Kleidung gelangen lassen.
P263	Kontakt während der Schwangerschaft und der Stillzeit vermeiden.
P264	Nach Gebrauch ... gründlich waschen.
P270	Bei Gebrauch nicht essen, trinken oder rauchen.
P271	Nur im Freien oder in gut belüfteten Räumen verwenden.
P272	Kontaminierte Arbeitskleidung nicht außerhalb des Arbeitsplatzes tragen.
P273	Freisetzung in die Umwelt vermeiden.
P280	Schutzhandschuhe/Schutzkleidung/Augenschutz/ Gesichtsschutz tragen.
P282	Schutzhandschuhe/Gesichtsschild/Augenschutz mit Kälteisolierung tragen.
P283	Schwer entflammbare/flammhemmende Kleidung tragen.
P284	Atemschutz tragen.
P231 + P232	Unter inertem Gas handhaben. Vor Feuchtigkeit schützen.
P235 + P410	Kühl halten. Vor Sonnenbestrahlung schützen.

Sicherheitshinweise – Reaktion

P301	BEI VERSCHLUCKEN:
P302	BEI BERÜHRUNG MIT DER HAUT:
P303	BEI BERÜHRUNG MIT DER HAUT (oder dem Haar):
P304	BEI EINATMEN:
P305	BEI KONTAKT MIT DEN AUGEN:
P306	BEI KONTAMINIERTER KLEIDUNG:
P308	BEI Exposition oder falls betroffen:
P310	Sofort GIFTINFORMATIONSZENTRUM oder Arzt anrufen.
P311	GIFTINFORMATIONSZENTRUM oder Arzt anrufen.
P312	Bei Unwohlsein GIFTINFORMATIONSZENTRUM oder Arzt anrufen.
P313	Ärztlichen Rat einholen/ärztliche Hilfe hinzuziehen.
P314	Bei Unwohlsein ärztlichen Rat einholen/ärztliche Hilfe hinzuziehen.
P315	Sofort ärztlichen Rat einholen/ärztliche Hilfe hinzuziehen.
P320	Besondere Behandlung dringend erforderlich (siehe ... auf diesem Kennzeichnungsetikett).
P321	Besondere Behandlung (siehe ... auf diesem Kennzeichnungsetikett).
P330	Mund ausspülen.
P331	KEIN Erbrechen herbeiführen.
P332	Bei Hautreizung:
P333	Bei Hautreizung oder -ausschlag:
P334	In kaltes Wasser tauchen/nassen Verband anlegen.
P335	Lose Partikel von der Haut abbürsten.
P336	Vereiste Bereiche mit lauwarmem Wasser auftauen. Betroffenen Bereich nicht reiben.
P337	Bei anhaltender Augenreizung:
P338	Eventuell Vorhandene Kontaktlinsen nach Möglichkeit entfernen. Weiter ausspülen.
P340	Die betroffene Person an die frische Luft bringen und in einer Position ruhig stellen, die das Atmen erleichtert.
P342	Bei Symptomen der Atemwege:
P351	Einige Minuten lang behutsam mit Wasser ausspülen.
P352	Mit viel Wasser und Seife waschen.
P353	Haut mit Wasser abwaschen/duschen.
P360	Kontaminierte Kleidung und Haut sofort mit viel Wasser abwaschen und danach Kleidung ausziehen.
P361	Alle kontaminierten Kleidungsstücke sofort ausziehen.
P362	Kontaminierte Kleidung ausziehen und vor erneutem Tragen waschen.
P363	Kontaminierte Kleidung vor erneutem Tragen waschen.
P364	Und vor erneutem Tragen waschen.
P370	Bei Brand:
P371	Bei Großbrand und großen Mengen:
P372	Explosionsgefahr bei Brand.
P373	KEINE Brandbekämpfung, wenn das Feuer explosive Stoffe/ Gemische/Erzeugnisse erreicht.
P374	Brandbekämpfung mit üblichen Vorsichtsmaßnahmen aus angemessener Entfernung.
P375	Wegen Explosionsgefahr Brand aus der Entfernung bekämpfen.
P376	Undichtigkeit beseitigen, wenn gefahrlos möglich.
P377	Brand von ausströmendem Gas: Nicht löschen, bis Undichtigkeit gefahrlos beseitigt werden kann.
P378	... zum Löschen verwenden.
P380	Umgebung räumen.
P381	Alle Zündquellen entfernen, wenn gefahrlos möglich.
P390	Verschüttete Mengen aufnehmen, um Materialschäden zu vermeiden.
P391	Verschüttete Mengen aufnehmen.
P301 + P310	BEI VERSCHLUCKEN: Sofort GIFTINFORMATIONSZENTRUM oder Arzt anrufen.
P301 + P312	BEI VERSCHLUCKEN: Bei Unwohlsein GIFTINFORMATIONSZENTRUM oder Arzt anrufen.
P301 + P330 + P331	BEI VERSCHLUCKEN: Mund ausspülen. KEIN Erbrechen herbeiführen.
P302 + P334	BEI KONTAKT MIT DER HAUT: In kaltes Wasser tauchen/nassen Verband anlegen.
P302 + P352	BEI KONTAKT MIT DER HAUT: Mit viel Wasser und Seife waschen.
P303 + P361 + P353	BEI KONTAKT MIT DER HAUT (oder dem Haar): Alle kontaminierten Kleidungsstücke sofort ausziehen. Haut mit Wasser abwaschen/duschen.
P304 + P340	BEI EINATMEN: An die frische Luft bringen und in einer Position ruhig stellen, die das Atmen erleichtert.
P305 + P351 + P338	BEI KONTAKT MIT DEN AUGEN: Einige Minuten lang behutsam mit Wasser spülen. Vorhandene Kontaktlinsen nach Möglichkeit entfernen. Weiter spülen.
P306 + P360	BEI KONTAKT MIT DER KLEIDUNG: Kontaminierte Kleidung und Haut sofort mit viel Wasser abwaschen und danach Kleidung ausziehen.
P308 + P311	Bei Exposition oder falls betroffen: GIFTINFORMATIONSZENTRUM, Arzt oder ... anrufen.
P308 + P313	BEI Exposition oder falls betroffen: Ärztlichen Rat einholen/ärztliche Hilfe hinzuziehen.
P332 + P313	Bei Hautreizung: Ärztlichen Rat einholen/ärztliche Hilfe hinzuziehen.
P333 + P313	Bei Hautreizung oder -ausschlag: Ärztlichen Rat einholen/ ärztliche Hilfe hinzuziehen.
P335 + P334	Lose Partikel von der Haut abbürsten. In kaltes Wasser tauchen/nassen Verband anlegen.
P337 + P313	Bei anhaltender Augenreizung: Ärztlichen Rat einholen/ ärztliche Hilfe hinzuziehen.
P342 + P311	Bei Symptomen der Atemwege: GIFTINFORMATIONSZENTRUM oder Arzt anrufen.
P361 + P364	Alle kontaminierten Kleidungsstücke sofort ausziehen und vor erneutem Tragen waschen.
P362 + P364	Kontaminierte Kleidung ausziehen und vor erneutem Tragen waschen.
P370 + P376	Bei Brand: Undichtigkeit beseitigen, wenn gefahrlos möglich.

P370 + P378 Bei Brand: … zum Löschen verwenden.
P370 + P380 Bei Brand: Umgebung räumen.
P370 + P380 + P375 Bei Brand: Umgebung räumen. Wegen Explosionsgefahr Brand aus der Entfernung bekämpfen.
P371 + P380 + P375 Bei Großbrand und großen Mengen: Umgebung räumen. Wegen Explosionsgefahr Brand aus der Entfernung bekämpfen.

Sicherheitshinweise – Aufbewahrung

P401 … aufbewahren.
P402 An einem trockenen Ort aufbewahren.
P403 An einem gut belüfteten Ort aufbewahren.
P404 In einem geschlossenen Behälter aufbewahren.
P405 Unter Verschluss aufbewahren.
P406 In korrosionsbeständigem/… Behälter mit korrosionsbeständiger Auskleidung aufbewahren.
P407 Luftspalt zwischen Stapeln/Paletten lassen.
P410 Vor Sonnenbestrahlung schützen.
P411 Bei Temperaturen von nicht mehr als … °C aufbewahren.
P412 Nicht Temperaturen von mehr als 50 °C aussetzen.
P413 Schüttgut in Mengen von mehr als … kg bei Temperaturen von nicht mehr als … °C aufbewahren.
P420 Von anderen Materialien entfernt aufbewahren.
P422 Inhalt in/unter … aufbewahren.
P402 + P404 In einem geschlossenen Behälter an einem trockenen Ort aufbewahren.
P403 + P233 Behälter dicht verschlossen an einem gut belüfteten Ort aufbewahren.
P403 + P235 Kühl an einem gut belüfteten Ort aufbewahren.
P410 + P403 Vor Sonnenbestrahlung geschützt an einem gut belüfteten Ort aufbewahren.
P410 + P412 Vor Sonnenbestrahlung schützen und nicht Temperaturen von mehr als 50 °C aussetzen.
P411 + P235 Kühl und bei Temperaturen von nicht mehr als … °C aufbewahren.

Sicherheitshinweise – Entsorgung

P501 Inhalt/Behälter … zuführen.

Entsorgungsratschläge (E-Sätze)

E 1 Verdünnen, in den Ausguss geben (WGK 0 bzw. 1)
E 2 Neutralisieren, in den Ausguss geben
E 3 In den Hausmüll geben, gegebenenfalls im Polyethylenbeutel (Stäube)
E 4 Als Sulfid fällen
E 5 Mit Calcium-Ionen fällen, dann E 1 oder E 3
E 6 Nicht in den Hausmüll geben
E 7 Im Abzug entsorgen
E 8 Der Sondermüllbeseitigung zuführen (Adresse zu erfragen bei der Kreis- oder Stadtverwaltung), Abfallschlüssel beachten
E 9 Unter größter Vorsicht in kleinsten Portionen reagieren lassen (z. B. offen im Freien verbrennen)
E 10 In gekennzeichneten Behältern sammeln:
1. „Organische Abfälle – halogenhaltig“
2. „Organische Abfälle – halogenfrei“, dann E 8

E 11 Als Hydroxid fällen (pH = 8), den Niederschlag zu E 8
E 12 Nicht in die Kanalisation gelangen lassen
E 13 Aus der Lösung mit unedlem Metall (z. B. Eisen) als Metall abscheiden (E 14, E 3)
E 14 Recycling-geeignet (Redestillation oder einem Recyclingunternehmen zuführen)
E 15 Mit Wasser vorsichtig umsetzen, frei werdende Gase absorbieren oder ins Freie ableiten
E 16 Entsprechend den speziellen Ratschlägen für die Beseitigungsgruppen beseitigen

Entsorgung von Chemikalienabfällen

Nach dem Experimentieren werden die Reste in die dafür vorgesehenen Sammelbehälter gegeben:

nicht gefährliche und wasserlösliche Chemikalien	nicht gefährliche und feste Chemikalien	Säuren und Laugen	giftige anorganische Chemikalien	halogenfreie organische Chemikalien	halogenhaltige organische Chemikalien
z. B. Natriumchlorid, Natriumcarbonat, Wasserstoffperoxidlösung	z. B. Eisen, Indikatorpapier	z. B. Salzsäure, Natronlauge	z. B. Kupfersulfat	z. B. Petroleumbenzin, Methanol	z. B. Trichlormethan

Die weitere Behandlung und Entsorgung bzw. Übergabe der Abfälle zur Sondermüllentsorgung erfolgt durch die Lehrerin bzw. den Lehrer.

Anhang

Liste der Gefahrstoffe nach der GHS-Verordnung

Gefahrstoff	Signalwort	Piktogrammcode	H-Sätze und EUH-Sätze	E-Sätze
Aceton (Propanon)	Gefahr	GHS02 GHS07	H225 H319 H336 EUH066	1-10-14
Aluminium, Grieß o. Pulver (stabilisiert)	Gefahr	GHS02	H261 H228	6-9
Aluminiumbromid, wasserfrei	Gefahr	GHS05 GHS07	H290 H302 H314	2
Aluminiumchlorid, wasserfrei	Gefahr	GHS05	H314	2
Aluminiumiodid	Gefahr	GHS05	H314	2
Ameisensäure (Methansäure)				
$w \geq 90\,\%$	Gefahr	GHS02 GHS05	H226 H314	1-10
$10\,\% \leq w < 90\,\%$	Gefahr	GHS05	H314	1-10
$2\,\% \leq w < 10\,\%$	Achtung	GHS07	H315 H319	1-10
Ammoniak, wasserfrei	Gefahr	GHS04 GHS06 GHS05 GHS09	H221 H280 H331 H314 H400 EUH071	2-7
Ammoniaklösung				
$10\,\% \leq w < 25\,\%$	Gefahr	GHS05	H314 H335	2
$5\,\% \leq w < 10\,\%$	Achtung	GHS07	H315 H319 H335	2
Ammoniumcarbonat	Achtung	GHS07	H302	1
Ammoniumchlorid	Achtung	GHS07	H302 H319	2
Bariumchlorid, wasserfrei	Gefahr	GHS06	H301 H332	1-3
Bariumchloridlösung $3\,\% \leq w < 25\,\%$	Achtung	GHS07	H302	1
Bariumhydroxid, Bariumhydroxid-Octahydrat	Gefahr	GHS05 GHS07	H302 H314 H332	1-3
Bariumoxid	Gefahr	GHS06 GHS05	H301 H314 H332	1-3
Benzoesäure	Achtung	GHS07	H302 H319	10-12
Blei (bioverfügbar)	Gefahr	GHS08 GHS07 GHS09	H360Df H302 H332 H373 H410	8
Blei(II)-acetat	Gefahr	GHS08 GHS09	H351 H360Df H373 H410	8-14
Brom	Gefahr	GHS06 GHS05 GHS09	H330 H314 H400	16
Bromethan (Ethylbromid)	Gefahr	GHS02 GHS08 GHS07	H225 H302 H332 H351	10
Bromthymolblaulösung (ethanolisch, $w = 0{,}1\,\%$)	Gefahr	GHS02	H225	10
Bromwasser $1\,\% \leq w < 5\,\%$	Gefahr	GHS06	H311 H330	16
Bromwasserstoff	Gefahr	GHS04 GHS06 GHS05	H280 H314 H331	2
n-Butan	Gefahr	GHS02 GHS04	H220 H280	7
Butan-1-ol	Gefahr	GHS02 GHS05 GHS07	H226 H302 H335 H315 H318 H336	10
Butansäure (Buttersäure)	Gefahr	GHS05	H314	10
Calcium	Gefahr	GHS02	H261 EUH014	15
Calciumcarbid	Gefahr	GHS02	H260	15-16
Calciumchlorid	Achtung	GHS07	H319	1
Calciumhydroxid (Löschkalk)	Gefahr	GHS05 GHS07	H315 H318 H335	2
Calciumoxid	Gefahr	GHS05 GHS07	H315 H318 H335	2
Chlor	Gefahr	GHS03 GHS04 GHS06 GHS09	H270 H280 H330 H319 H335 H315 H400 EUH071	16
Chlorethan (Ethylchlorid)	Gefahr	GHS02 GHS04 GHS08	H220 H351 H412	16
Chlormethan (Methylchlorid)	Gefahr	GHS02 GHS04 GHS08	H220 H351 H373	7-12
Chlorwasser, gesättigt $w \approx 0{,}7\,\%$	Achtung	GHS07	H332	16
Chlorwasserstoff	Gefahr	GHS04 GHS06 GHS05	H280 H331 H314 EUH071	2
Citronensäure	Gefahr	GHS05	H318	3
Dibenzoylperoxid	Gefahr	GHS02 GHS07	H242 H319 H317	10-12

Gefahrstoff	Signalwort	Piktogrammcode	H-Sätze und EUH-Sätze	E-Sätze
Diethylether (Ether)	Gefahr	GHS02 GHS07	H224 H302 H336 EUH019 EUH066	9-10-12
Eisen, Pulver	Gefahr	GHS02	H228	3
Eisen(III)-chlorid	Gefahr	GHS05 GHS07	H302 H315 H317 H318	2
Eisen(II)-sulfat, Eisen(II)-sulfatlösung $w \geq 25\,\%$	Achtung	GHS07	H302 H319 H315	2
Eisen(II)-sulfid	Achtung	GHS09	H400 EUH031	8
Essigsäure (Ethansäure) $w \geq 90\,\%$	Gefahr	GHS02 GHS05	H226 H314	2-10
$25\,\% \leq w < 90\,\%$	Gefahr	GHS05	H314	2-10
$10\,\% \leq w < 25\,\%$	Achtung	GHS07	H319 H315	2-10
Essigsäureanhydrid	Gefahr	GHS02 GHS05 GHS07	H226 H332 H302 H314 H335	2-10
Essigsäureethylester (Ethylacetat)	Gefahr	GHS02 GHS07	H225 H319 H336 EUH066	10-12
Ethan	Gefahr	GHS02 GHS04	H220 H280	7
Ethanal (Acetaldehyd)	Gefahr	GHS02 GHS08 GHS07	H224 H351 H319 H335	9-10-12-16
Ethanallösung (Acetaldehydlösung) $w \geq 10\,\%$	Achtung	GHS08 GHS07	H351 H319 H335	9-10-12-16
Ethandiol	Achtung	GHS07	H302	1-10
Ethanol (Brennspiritus)	Gefahr	GHS02	H225	1-10
Ethen (Ethylen)	Gefahr	GHS02 GHS04 GHS07	H220 H280 H336	7
Ethin (Acetylen)	Gefahr	GHS02 GHS04	H220 H280 EUH006	7
Fehling'sche Lösung I	Achtung	GHS07	H302 H319 H315 H410	8
Fehling'sche Lösung II	Gefahr	GHS05	H314	2
n-Heptan	Gefahr	GHS02 GHS08 GHS07 GHS09	H225 H304 H315 H336 H410	10-12
Hexan-1-ol	Achtung	GHS07	H302	10
Hex-1-en	Gefahr	GHS02 GHS08	H225 H304	10-12
Hex-1-in	Gefahr	GHS02 GHS08 GHS07	H225 H304 H315 H319 H335	10-12
Iod	Achtung	GHS07 GHS09	H332 H312 H400	1-16
Iodwasserstoff	Gefahr	GHS04 GHS05	H314	1
Isobutanol (2-Methylpropan-1-ol)	Gefahr	GHS02 GHS05 GHS07	H226 H315 H318 H336 H335	10
Kalium	Gefahr	GHS02 GHS05	H260 H314 EUH014	6-12-16
Kaliumcarbonat	Achtung	GHS07	H319 H315 H335	1
Kaliumchlorat	Gefahr	GHS03 GHS07 GHS09	H271 H302 H332 H411	1-6
Kaliumhydroxid (Ätzkali)	Gefahr	GHS05 GHS07	H302 H314 H290	2
Kaliumhydroxidlösung (Kalilauge) $w \geq 5\,\%$	Gefahr	GHS05 GHS07	H302 H314	2
$2\,\% \leq w < 5\,\%$	Gefahr	GHS05	H314	2
$0{,}5\,\% \leq w < 2\,\%$	Achtung	GHS07	H319 H315	2
Kaliumnitrat	Achtung	GHS03	H272	1
Kaliumnitrit	Gefahr	GHS03 GHS06 GHS09	H272 H301 H400	1-16
Kaliumpermanganat	Gefahr	GHS03 GHS07 GHS09	H272 H302 H410	1-6
Kaliumpermanganatlösung $w \geq 25\,\%$	Gefahr	GHS07 GHS09	H302 H410	1-6
Kohlenstoffmonooxid	Gefahr	GHS02 GHS04 GHS06 GHS08	H220 H280 H360D H331 H372	7
Kupfer, Pulver	Gefahr	GHS02 GHS09	H228 H410	3
Kupferacetat	Achtung	GHS07 GHS09	H302 H315 H319 H335 H410	11
Kupfer(II)-chlorid	Achtung	GHS07 GHS09	H302 H319 H315 H335 H400	11

Gefahrstoff	Signalwort	Piktogrammcode	H-Sätze und EUH-Sätze	E-Sätze
Kupfer(II)-chlorid-lösung 3 % ≤ w < 25 %	Achtung	GHS07	H302	11
Kupfer(II)-hydroxid-carbonat (Malachit)	Achtung	GHS07	H302	8-12
Kupfer(I)-oxid	Achtung	GHS07 GHS09	H302 H410	8-16
Kupfer(II)-oxid	Achtung	GHS07 GHS09	H302 H410	8-16
Kupfer(II)-sulfat, Kupfer(II)-sulfat-Pentahydrat	Achtung	GHS07 GHS09	H302 H319 H315 H410	11
Kupfer(II)-sulfat-lösung w ≥ 25 %	Achtung	GHS07 GHS09	H302 H319 H315 H410	11
Lithium	Gefahr	GHS02 GHS05	H260 H314 EUH014	15-1
Lithiumchlorid	Achtung	GHS07	H302 H319 H315	1
Magnesium, Pulver oder Späne (phlegmatisiert)	Gefahr	GHS02	H228 H261 H251	3
Mangan(IV)-oxid (Braunstein)	Gefahr	GHS03 GHS07	H272 H332 H302	3
Methan	Gefahr	GHS02 GHS04	H220 H280	7
Methanal (Formaldehyd), wasserfrei	Gefahr	GHS06 GHS08 GHS05	H301 H311 H314 H317 H330 H351	10-12-16
Methanallösung (Formaldehydlösung) w ≥ 25 %	Gefahr	GHS06 GHS08 GHS05	H351 H330 H311 H301 H314 H317 H335 H370	10-12-16
5 % ≤ w < 25 %	Gefahr	GHS06 GHS08	H351 H331 H311 H301 H319 H315 H317 H335	1-10
0,2 % ≤ w < 5 %	Gefahr	GHS08 GHS07	H302 H317 H351	1-10
Methanol	Gefahr	GHS02 GHS06 GHS08	H225 H331 H311 H301 H370	1-10
Methansäure s. Ameisensäure				
Natrium	Gefahr	GHS02 GHS05	H260 H314 EUH014	6-12-16
Natriumcarbonat	Achtung	GHS07	H319	1
Natriumfluorid	Gefahr	GHS06	H301 H315 H319 EUH032	5
Natriumhydroxid (Ätznatron)	Gefahr	GHS05	H290 H314	2
Natriumhydroxid-lösung (Natronlauge) w ≥ 2 %	Gefahr	GHS05	H290 H314	2
0,5 % ≤ w < 2 %	Achtung	GHS07	H315 H319	1
Natriumiodid	Achtung	GHS09	H400	6-12-16
Natriumnitrat	Gefahr	GHS03 GHS07	H272 H302	1
Natriumnitrit	Gefahr	GHS03 GHS06 GHS09	H272 H301 H400	1-16
Natriumoxalat	Achtung	GHS07	H302 H312	
Natriumsulfid	Gefahr	GHS08 GHS07 GHS09	H302 H332 H360Df H373 H410	1
n-Octan	Gefahr	GHS02 GHS08 GHS07 GHS09	H225 H304 H315 H336 H410	10-12
Octan-1-ol	Achtung	GHS07	H319	10
Oxalsäure	Achtung	GHS07	H312 H302	5
Oxalsäurelösung w ≥ 5 %	Achtung	GHS07	H312 H302	5
n-Pentan	Gefahr	GHS02 GHS08 GHS07 GHS09	H225 H304 H336 H411 EUH066	10-12
Pentan-1-ol	Achtung	GHS02 GHS07	H226 H315 H332 H335	10-14
Petrolether (Leichtbenzin)	Gefahr	GHS02 GHS08 GHS07 GHS09	H225 H304 H315 H336 H411	10-12
Petroleum	Gefahr	GHS08	H304	10-12
Petroleumbenzin	Gefahr	GHS02 GHS08 GHS07 GHS09	H225 H304 H315 H336 H361f H373 H411	10-12
Phenolphthalein-lösung (ethanolisch) w > 1 %	Gefahr	GHS02	H225	1-10

Gefahrstoff	Signalwort	Piktogrammcode	H-Sätze und EUH-Sätze	E-Sätze
Phosphor, rot	Gefahr	GHS02	H228 H412	6-9
Phosphor(V)-oxid	Gefahr	GHS05	H314	2
Phosphorsäure $w \geq 25\,\%$	Gefahr	GHS05	H290 H314	2
$10\,\% \leq w < 25\,\%$	Achtung	GHS07	H319 H315	1
Propan	Gefahr	GHS02 GHS04	H220 H280	7
Propanal	Gefahr	GHS02 GHS07	H225 H319 H335 H315	9-10-12-16
Propan-1-ol	Gefahr	GHS02 GHS05 GHS07	H225 H318 H336	10
Propan-2-ol	Gefahr	GHS02 GHS07	H225 H319 H336	10
Propanon s. Aceton				
Propansäure (Propionsäure) $10\,\% \leq w < 25\,\%$	Gefahr	GHS02 GHS05	H326 H314	2
Resorcin (1,3-Dihydroxybenzol)	Achtung	GHS07 GHS09	H302 H319 H315 H400	10
Rohöl (synthetisch)	Gefahr	GHS02 GHS07 GHS09	H224 H315 H336 H411	10-12
Salpetersäure $w \geq 65\,\%$	Gefahr	GHS03 GHS05	H272 H290 H314	2
$5\,\% \leq w < 65\,\%$	Gefahr	GHS05	H314	2
Salzsäure $w \geq 25\,\%$	Gefahr	GHS05 GHS07	H314 H335	2
$10\,\% \leq w < 25\,\%$	Achtung	GHS07	H315 H319 H335	2
Sauerstoff	Gefahr	GHS03 GHS04	H270 H280	7
Schiffs Reagenz	Achtung	GHS07	H319 H335	2
Schwefel	Achtung	GHS07	H315	3
Schwefeldioxid	Gefahr	GHS04 GHS06 GHS05	H331 H314 H280 EUH071	7
Schwefelsäure $w \geq 15\,\%$	Gefahr	GHS05	H290 H314	2
$5\,\% \leq w < 15\,\%$	Gefahr	GHS05	H290 H319 H315	2
Schwefelwasserstoff	Gefahr	GHS02 GHS04 GHS06 GHS09	H220 H330 H400	2-7

Gefahrstoff	Signalwort	Piktogrammcode	H-Sätze und EUH-Sätze	E-Sätze
Schwefelwasserstofflösung $0{,}1\,\% \leq w \leq 1\,\%$	Achtung	GHS07	H332	2
Schweflige Säure $w \geq 5\,\%$	Gefahr	GHS05 GHS07	H332 H314	2
$0{,}5\,\% \leq w < 5\,\%$	Gefahr	GHS07	H332 H314	
Silbernitrat	Gefahr	GHS03 GHS05 GHS09	H272 H314 H410	12-13-14
Silbernitratlösung $5\,\% \leq w \leq 10\,\%$	Achtung	GHS07	H319 H315	12-13-14
Silberoxid	Gefahr	GHS03 GHS05	H272 H314 EUH044	12-13-14
Strontiumchlorid	Achtung	GHS07	H319 H315 H335	1-11
Styrol	Achtung	GHS02 GHS08 GHS07	H226 H304 H332 H335 H319 H315 H372	10-12
Wasserstoff	Gefahr	GHS02 GHS04	H220 H280	7
Wasserstoffperoxidlösung $30\,\% \leq w < 50\,\%$	Gefahr	GHS03 GHS05 GHS07	H271 H332 H302 H314 H335	1
$8\,\% \leq w < 30\,\%$	Gefahr	GHS05 GHS07	H302 H318	1
$5\,\% \leq w < 8\,\%$	Achtung	GHS07	H332 H302 H319	1
Weinsäure	Gefahr	GHS05	H138	1-10
Zink, Pulver o. Staub (stabilisiert)	Achtung	GHS09	H410	3
Zinkbromid	Gefahr	GHS05 GHS09	H314 H410	1-11
Zinkchlorid	Gefahr	GHS05 GHS07 GHS09	H302 H314 H335 H410	1-11
Zinkchloridlösung $5\,\% \leq w < 10\,\%$	Achtung	GHS07	H319 H315	1-11
Zinkiodid	Gefahr	GHS07	H319 H315	12-16
Zinkoxid	Achtung	GHS09	H410	3
Zinksulfat, wasserfrei	Gefahr	GHS05 GHS07 GHS09	H302 H318 H410	1-11
Zinn(II)-chlorid	Achtung	GHS07	H302 H315 H317 H319 H335	1-11

Einfache Laborgeräte

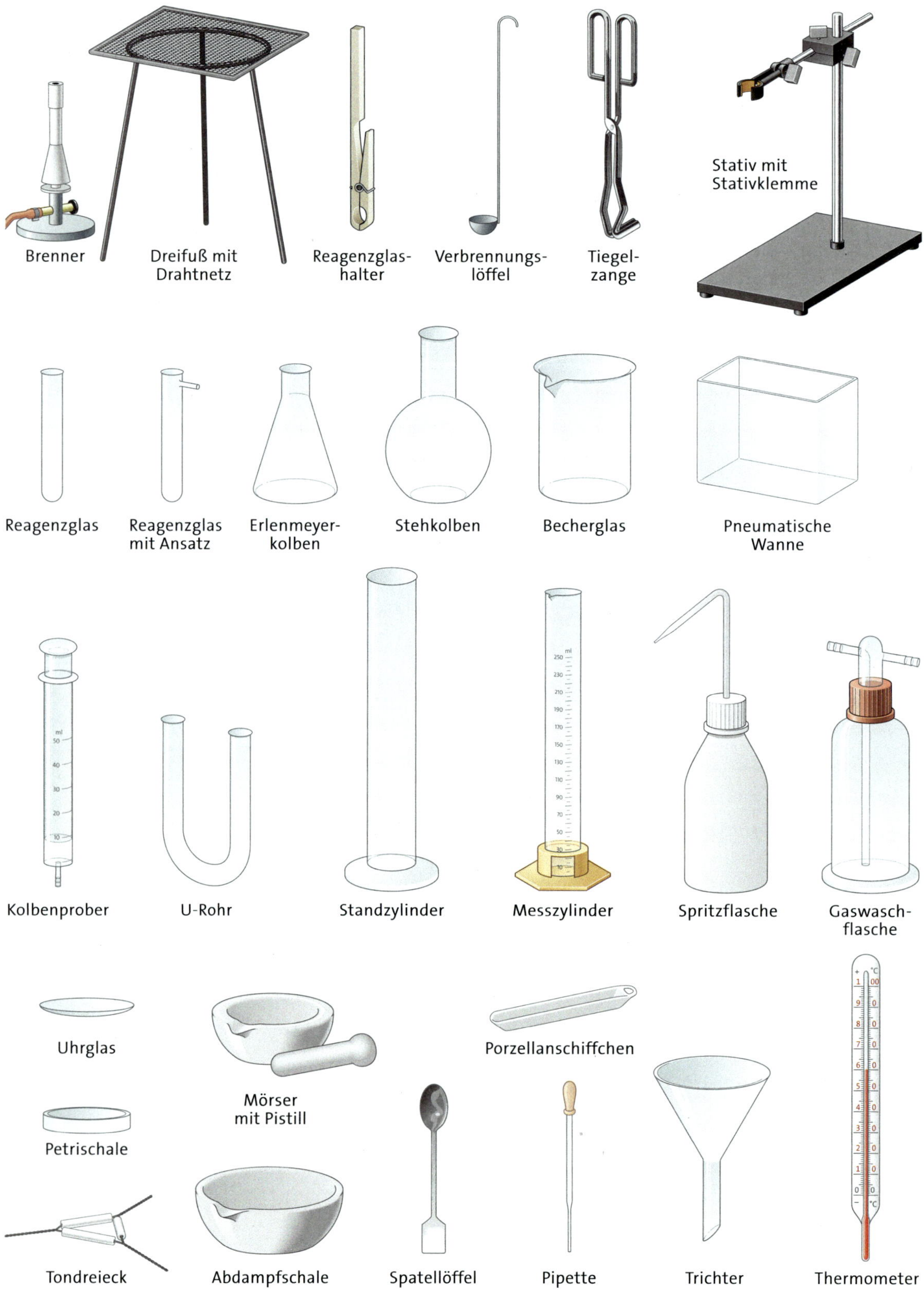

Wichtige Größen in der Chemie

Größen in der Chemie

Größe	Formelzeichen	Einheit
Masse	m	kg, g
Volumen	V	m^3, ℓ
Stoffmenge	n	mol
molare Masse	M	g/mol
molares Volumen	V_m	ℓ/mol
Teilchenanzahl	N	1
Dichte	ϱ	kg/m^3, g/cm^3, g/ℓ
Massenanteil	w	1, %
Volumenanteil	φ	1, %
Massenkonzentration	β	g/ℓ
Stoffmengenkonzentration	c	mol/ℓ
Temperatur	T, ϑ	K, °C

Größengleichungen in der Chemie

Dichte	$\varrho = \frac{m}{V}$ $\varrho = \frac{M}{V_m}$
molare Masse	$M = \frac{m}{n}$
molares Volumen	$V_m = \frac{V}{n}$
Massenanteil	$w(\text{Stoff}) = \frac{m(\text{Stoff})}{m(\text{Stoffgemisch})}$
Volumenanteil	$\varphi(\text{Stoff}) = \frac{V(\text{Stoff})}{V(\text{Stoffgemisch})}$
Massenkonzentration	$\beta(\text{Stoff}) = \frac{m(\text{Stoff})}{V(\text{Stoffgemisch})}$
Stoffmengenkonzentration	$c(\text{Stoff}) = \frac{n(\text{Stoff})}{V(\text{Stoffgemisch})}$

Vorsätze von Einheiten (Auswahl)

Vorsatz	Kurzzeichen	Faktor, mit dem die Einheit multipliziert wird	
Giga	G	1 000 000 000	(10^9)
Mega	M	1 000 000	(10^6)
Kilo	k	1 000	(10^3)
Hekto	h	100	(10^2)
Dezi	d	0,1	(10^{-1})
Zenti	c	0,01	(10^{-2})
Milli	m	0,001	(10^{-3})
Mikro	µ	0,000 001	(10^{-6})
Nano	n	0,000 000 001	(10^{-9})

Konstanten in der Chemie

Normdruck p_n	$p_n = 1013\,hPa$
Normtemperatur T_n	$T_n = 273{,}15\,K$
Molares Volumen eines idealen Gases im Normzustand $V_{m,n}$	$V_{m,n} = 22{,}4$ ℓ/mol
Avogadro-Konstante N_A	$N_A = 6{,}022\,1367 \cdot 10^{23}\,mol^{-1}$

Glossar

A

Addition: ▸ Chemische Reaktion, bei der jeweils zwei ▸ Moleküle der Ausgangsstoffe zu einem Molekül des Reaktionsprodukts vereinigt werden.

Aggregatzustand: Zustandsform aller ▸ Stoffe. Man unterscheidet drei Aggregatzustände: fest (gleichbleibende Form / gleichbleibendes Volumen), flüssig (veränderliche Form / gleichbleibendes Volumen) und gasförmig (veränderliche Form / veränderliches Volumen).

Akkumulator: Wiederaufladbare ▸ galvanische Zelle, bei der im Entladevorgang aus chemischer Energie elektrische Energie erzeugt wird. Im Ladevorgang wird elektrische Energie wieder in chemische Energie umgewandelt. Beispiele: Bleiakkumulator, Lithium-Ionen-Akkumulator.

Aktivierungsenergie: Energie, die zum Auslösen einer ▸ chemischen Reaktion für das Erreichen des reaktionsbereiten Zustands der Teilchen der Ausgangsstoffe, z. B. durch Wärme- oder Lichtzufuhr, notwendig ist.

Aldehyde: Organische Verbindungen mit einer Aldehydgruppe (–CHO) im Molekül. Sie entstehen durch Oxidation aus primären ▸ Alkoholen. Entstehen sie aus einem primären Alkanol, bezeichnet man sie auch als Alkanale mit der allgemeinen Molekülformel $C_nH_{2n+1}CHO$.

Alkalimetalle: Elementgruppe der Elemente der I. Hauptgruppe. Alkalimetallatome bilden durch Elektronenabgabe einfach geladene ▸ Kationen.

Alkalische Lösungen: Wässrige ▸ Lösungen, die hydratisierte ▸ Hydroxid-Ionen [OH^- (aq)] bilden. Die Hydroxid-Ionen bewirken bei ▸ Indikatoren eine typische Farbänderung.

Alkane: Gesättigte ▸ Kohlenwasserstoffe mit der allgemeinen Molekülformel C_nH_{2n+2}.

Alkene: Ungesättigte ▸ Kohlenwasserstoffe mit mindestens einer Doppelbindung zwischen zwei Kohlenstoffatomen. Alkene mit einer Doppelbindung haben die allgemeine Molekülformel C_nH_{2n}.

Alkine: Ungesättigte Kohlenwasserstoffe mit mindestens einer Dreifachbindung zwischen zwei Kohlenstoffatomen. Alkine mit einer Doppelbindung haben die allgemeine Molekülformel C_nH_{2n-2}.

Alkohole: Organische ▸ Verbindungen mit mindestens einer Hydroxygruppe (–OH) im ▸ Molekül. Werden sie von ▸ Alkanen abgeleitet und besitzen sie nur eine Hydroxygruppe im Molekül, bezeichnet man sie als Alkanole.

Allgemeine Größengleichung: Mathematische Größengleichung für Massen- und Volumenberechnungen bei ▸ chemischen Reaktionen. Dabei gilt:

$$\frac{m(\mathrm{A})}{m(\mathrm{B})} = \frac{n(\mathrm{A}) \cdot M(\mathrm{A})}{n(\mathrm{B}) \cdot M(\mathrm{B})} \text{ bzw. } \frac{V(\mathrm{A})}{m(\mathrm{B})} = \frac{n(\mathrm{A}) \cdot V_\mathrm{m}}{n(\mathrm{B}) \cdot M(\mathrm{B})}$$

Analyse: ▸ Chemische Reaktion zur Zerlegung einer Verbindung.

Anion: Negativ elektrisch geladenes ▸ Ion.

Atom: Teilchen, aus denen ▸ Stoffe aufgebaut sein können. Alle Atome eines ▸ Elements besitzen die gleiche Anzahl ▸ Protonen im Atomkern.

Atommasse: Die Masse eines ▸ Atoms ist unvorstellbar klein. Deshalb wird die Atommasse in der atomaren Masseneinheit unit (u) angegeben. 1 u entspricht ungefähr der Masse eines Wasserstoffatoms.

Avogadro-Konstante: Wert, der angibt, wie viele Teilchen in einem Mol eines Stoffes enthalten sind. $N_\mathrm{A} = 6 \cdot 10^{23}\,\mathrm{mol}^{-1}$

B

Basen: Stoffe, die in Wasser gelöst ▸ alkalische Lösungen bilden.

Brennstoff: Stoff, bei dessen Verbrennung sehr viel thermische Energie freigesetzt wird. Der Stoff muss in riesigen Mengen verfügbar sein. Die Verbrennungsprodukte sind vorwiegend gasförmig.

Brennstoffzelle: ▸ Galvanische Zelle, in die die Ausgangsstoffe fortlaufend von außen zugeführt werden. Brennstoffzellen liefern kontinuierlich elektrische Energie. Beispiel: Wasserstoff-Sauerstoff-Brennstoffzelle.

C

Carbonsäuren: Organische Verbindungen mit mindestens einer Carboxygruppe (–COOH) im Molekül. Werden sie von ▸ Alkanen abgeleitet und besitzen sie nur eine Carboxygruppe im ▸ Molekül, bezeichnet man sie auch als Alkansäuren.

Chemische Bindung: Zusammenhalt von Teilchen (► Atomen oder ► Ionen) in ► Stoffen durch anziehende bzw. abstoßende Kräfte. Die wichtigsten chemischen Bindungen sind die ► Elektronenpaarbindung (Atombindung) und die ► Ionenbindung.

Chemische Formel: Chemisches Zeichen für Verbindungen. Sie kennzeichnet jeweils den Stoff und bei ► Ionenverbindungen eine Baueinheit und deren Zusammensetzung (► Verhältnisformel) sowie bei ► Molekülverbindungen ein ► Molekül und dessen Zusammensetzung (► Molekülformel).

Chemische Reaktion: Bei einer chemischen Reaktion werden durch Stoffumwandlung neue ► Stoffe mit anderen Eigenschaften gebildet. Jede chemische Reaktion ist auch durch Energieumwandlung gekennzeichnet. Dabei unterscheidet man ► exotherme und ► endotherme Reaktionen. Bei chemischen Reaktionen gruppieren sich die ► Atome der Ausgangstoffe zu der in den Produkten charakteristischen Anordnung um.

Chemische Reaktion mit Elektronenübertragung: Chemische Reaktion, bei der zwischen den Teilchen der reagierenden Stoffe ► Elektronen übertragen werden. Solche Reaktionen sind ► Redoxreaktionen. Elektronenabgabe (► Oxidation) und Elektronenaufnahme (► Reduktion) finden dabei stets gleichzeitig statt.

Chemisches Symbol: International einheitliches chemisches Zeichen, das ein ► Element oder ein ► Atom dieses Elements kennzeichnet.

Chemische Verbindung: ► Reinstoffe, die durch ► chemische Reaktion in die ► Elemente zerlegt oder aus diesen gebildet werden können. Chemische Verbindungen sind aus mindestens zwei verschiedenen Atomarten aufgebaut.

Cracken: Technisches Verfahren zur Aufbereitung von ► Erdöl. Beim Cracken werden langkettige ► Moleküle von höher siedenden Destillationsprodukten der ► Kohlenwasserstoffe in kürzerkettige Moleküle gespalten.

D

Dichte: Messbare Eigenschaft eines ► Stoffes, die zu seiner Charakterisierung dient. Die Dichte ist der Quotient aus Masse und Volumen einer Stoffportion. Sie ist unabhängig von Form und Größe der Stoffportion.

$\varrho = \frac{m}{V}$ Einheit: $1\frac{\text{g}}{\text{cm}^3}$

Diffusion: Eigenständiges Durchmischen zweier ► Stoffe (z. B. zweier Flüssigkeiten) aufgrund der Teilchenbewegung (Brown'sche Bewegung).

Dipolmoleküle: Moleküle, in denen getrennte Ladungsschwerpunkte für die positive und die negative elektrische Teilladung existieren. In ihnen liegt eine ► polare Elektronenpaarbindung vor. Beispiele: Chlorwasserstoffmolekül, Wassermolekül.

Dissoziation: Bildung von ► Ionen beim Lösen eines Stoffes in Wasser.

E

Edelgase: Elementgruppe der Elemente der VIII. Hauptgruppe. Sie sind sehr reaktionsträge.

Edelgaskonfiguration: Besonders stabile Elektronenkonfiguration. Die äußere Elektronenschale ist wie bei ► Edelgasen mit acht ► Elektronen besetzt (beim Helium mit zwei). Sie wird im Fall von acht Elektronen auch als Elektronenoktett bezeichnet.

Elektrolyse: ► Chemische Reaktion, bei der eine ► chemische Verbindung mithilfe von elektrischer Energie zerlegt wird. Elektrolysen sind ► endotherme Redoxreaktionen, bei denen durch den elektrischen Strom Elektronenübertragungen an Elektroden erzwungen werden. Elektrische Energie wird dabei in chemische Energie umgewandelt.

Elektron: Negativ elektrisch geladenes Teilchen in der Atomhülle von ► Atomen.

Elektronegativität: Nach PAULING ein Vergleichswert für die Anziehungskräfte von ► Atomen unterschiedlicher chemischer Elemente auf bindende Elektronenpaare. Die Polarität einer chemischen Bindung kann mithilfe der Differenz der Elektronegativitätswerte der ► Elemente abgeschätzt werden.

Elektronenakzeptor: Teilchen, das ► Elektronen aufnimmt.

Elektronendonator: Teilchen, das ► Elektronen abgibt.

Elektronenkonfiguration: Anordnung der ► Elektronen in den Elektronenschalen eines ► Atoms.

Elektronenpaarabstoßungsmodell: Modell zur Voraussage des räumlichen Baus einfacher ► Moleküle, das bindende und nicht bindende Elektronenpaare im Molekül betrachtet. Diese ordnen sich so im Molekül an, dass ihr Abstand und damit ihre gegenseitige Abstoßung am größten ist.

Elektronenpaarbindung (Atombindung): Art der ► chemischen Bindung, die durch gemeinsame Elektronenpaare zwischen den ► Atomen bewirkt wird, z. B. in Wasserstoff-, Chlor- und Sauerstoffmolekülen.

Element: ► Reinstoff, der nur aus gleichartigen ► Atomen besteht.

Elementarteilchen: Teilchen, aus denen ► Atome aufgebaut sind, z. B. ► Protonen, ► Neutronen und ► Elektronen.

Elementgruppe (Elementfamilie): Gruppe von ► Elementen mit ähnlichen Eigenschaften und Reaktionen.

Eliminierung: ► Chemische Reaktion, bei der jeweils aus einem ► Molekül des Ausgangsstoffs zwei ► Atome oder Atomgruppen ohne Ersatz durch andere abgespalten werden.

Endotherme Reaktion: ► Chemische Reaktion, die unter Aufnahme von Wärme aus der Umgebung abläuft. Die chemische Energie der Ausgangsstoffe ist kleiner als die chemische Energie der Reaktionsprodukte.

Erdalkalimetalle: ► Elementgruppe der Elemente der II. Hauptgruppe. Erdalkalimetallatome bilden durch Elektronenabgabe zweifach geladene ► Kationen.

Erdgas: ► Stoffgemisch, dessen Hauptbestandteile die ► Kohlenwasserstoffe Methan, Ethan, Propan und Butan sind. Erdgas dient als Heizgas und als Rohstoff für die chemische Industrie.

Erdöl: ► Stoffgemisch verschiedener ► Kohlenwasserstoffe mit kettenförmigen, verzweigten und ringförmigen Molekülen. Erdöl ist ein bedeutender Energieträger und Rohstoff für die chemische Industrie.

Ester: Organische Verbindungen, die bei der Reaktion eines ► Alkohols mit einer ► Säure unter Abspaltung von Wasser entstehen. Sie besitzen eine Estergruppe (–COO–) im Molekül.

Exotherme Reaktion: ► Chemische Reaktion, die unter Abgabe von Wärme an die Umgebung abläuft. Die chemische Energie der Ausgangsstoffe ist größer als die chemische Energie der Reaktionsprodukte.

F

Fettsäuren: Kettenförmige ► Carbonsäuren mit mittlerer bis langer Kettenlänge und gerader Anzahl von Kohlenstoffatomen.

Flammpunkt: Temperatur, bei der der Dampf über einem brennbaren Stoff durch Zündung entflammt werden kann.

Fossiler Brennstoff: Stoffe, die vor 200 bis 300 Mio. Jahren aus dem organischen Material abgestorbener Tiere und Pflanzen unter Ausschluss von Sauerstoff entstanden sind. Beispiele: Torf, Kohle, ► Erdöl, ► Erdgas.

Fraktionierte Destillation: Verfahren zur Trennung von ► Erdöl. Bei der fraktionierten Destillation werden Fraktionen mit bestimmten Siedebereichen gewonnen, die z. B. als ► Brenn- oder Treibstoffe genutzt werden.

Funktionelle Gruppe: Atomgruppe, die die Eigenschaften eines ► Stoffes wesentlich mitbestimmt.

G

Galvanische Zelle: Kombination aus zwei elektrochemischen Halbzellen, mit der chemische Energie in elektrische Energie umgewandelt wird. Beispiel: Batterie, Akkumulator, Brennstoffzelle.

Gesetz der konstanten Massenverhältnisse: In jeder ► chemischen Verbindung sind die ► Elemente in einem bestimmten konstanten Massenverhältnis gebunden.

Gesetz der Periodizität: Im ► Periodensystem kehren Elemente mit ähnlichem Atombau und ähnlich chemischem Verhalten periodisch wieder.

Gesetz von der Erhaltung der Masse: Bei ► chemischen Reaktionen ist die Masse der Ausgangsstoffe gleich der Masse der Reaktionsprodukte.
m(Ausgangsstoffe) = m(Reaktionsprodukte)

Glimmspanprobe: Nachweis für ► Sauerstoff. In reinem Sauerstoff flammt ein glimmender Holzspan hell auf.

H

Halbmetalle: ► Elemente, die mit ihren Eigenschaften zwischen ► Metallen und Nichtmetallen stehen.

Halogene: ► Elementgruppe der Elemente der VII. Hauptgruppe. Die ► Atome der Halogene bilden durch Elektronenaufnahme einfach geladene ► Anionen.

Halogenwasserstoffe: ► Halogene reagieren mit ► Wasserstoff zu Halogenwasserstoffen.

Hochofenprozess: Verfahren zur Herstellung von Roheisen aus Eisenerzen durch ► Redoxreaktionen im Hochofen.

Hydrolyse: ► Substitution unter Einwirkung von Wasser. Sie ist die Umkehrung der Kondensation.

Hydrophiler Stoff: Wasserlöslicher Stoff mit polarem Bau der Moleküle.

Hydrophober Stoff: Stoff mit wasserabweisenden Eigenschaften.

Hydroxid-Ion: In einem Hydroxid-Ion ist ein Sauerstoffatom mit einem Wasserstoffatom über eine ► Elektronenpaarbindung verbunden; chemisches Zeichen: OH^-.

I

Indikator: Farbstoffe, die in ► sauren oder ► alkalischen Lösungen eine typische Farbänderung zeigen.

Ion: Positiv oder negativ elektrisch geladenes Teilchen in der Größenordnung von ► Atomen. Durch Aufnahme oder Abgabe von Elektronen können aus Atomen Ionen gebildet werden.

Ionenbindung: Art der ► chemischen Bindung, die durch Anziehung zwischen ungleichnamig elektrisch geladenen ► Ionen bewirkt wird. Die gebundenen Teilchen sind Ionen. Sie liegt in ► Ionenverbindungen vor, z. B. im Kaliumchlorid und im Magnesiumchlorid.

Ionenverbindung: Salzartige, aus ► Ionen aufgebaute Stoffe. Es sind harte, spröde Stoffe mit meist hohen Schmelztemperaturen. Sie besitzen keine elektrische Leitfähigkeit im festen Zustand, sind aber als Schmelzen und in ► Lösungen elektrisch leitend. Beispiele: Natriumchlorid, Magnesiumoxid.

Isomerie: Auftreten von Verbindungen, deren ► Moleküle bei gleicher Molekülformel unterschiedliche Strukturformeln besitzen.

Isotop: ► Atome eines Elements mit gleicher Anzahl an ► Protonen, aber unterschiedlicher Anzahl an ► Neutronen und damit unterschiedlicher ► Atommasse.

K

Kalkwasserprobe: Nachweis für ► Kohlenstoffdioxid. Kalkwasser trübt sich milchig weiß bei Einleitung von Kohlenstoffdioxid.

Katalysator: Stoffe, die die ► Aktivierungsenergie einer ► chemischen Reaktion herabsetzen, ohne selbst dabei verbraucht zu werden.

Kation: Positiv elektrisch geladenes ► Ion.

Kern-Hülle-Modell: Modellvorstellung vom ► Atom. Nach diesem Modell bestehen Atome aus einem Atomkern und einer Atomhülle. Im Atomkern befinden sich positiv elektrisch geladene ► Protonen. In der Atomhülle befinden sich negativ elektrisch geladene ► Elektronen. Atome sind elektrisch neutral, da die Anzahl der Protonen und die Anzahl der Elektronen übereinstimmen.

Kernladungszahl: Zahl, die die Anzahl der ► Protonen im Atomkern angibt. Sie entspricht der ► Ordnungszahl des ► Elements im ► Periodensystem der Elemente.

Ketone: Organische Verbindungen mit einer Ketogruppe ($>C{=}O$) im Molekül. Sie entstehen durch Oxidation aus sekundären ► Alkoholen. Entstehen sie aus einem sekundären Alkanol, bezeichnet man sie auch als Alkanone.

Knallgasprobe: Nachweis für ► Wasserstoff (in Kombination mit Wassernachweis). Ein Gasgemisch aus Wasserstoff und Luft bzw. ► Sauerstoff reagiert explosionsartig unter einem lauten Knall.

Kohlenstoffdioxid: Luftbestandteil, der sich durch ► Verbrennung von ► Erdöl, Kohle und ► Erdgas in der Atmosphäre anreichert und den natürlichen ► Treibhauseffekt verstärkt. Als Nachweis von Kohlenstoffdioxid dient die Trübung von Kalkwasser.

Kohlenwasserstoffe: ► Chemische Verbindungen, die nur die ► Elemente Kohlenstoff und ► Wasserstoff enthalten.

Korrosion: Eine von der Oberfläche ausgehende Zerstörung von ► Metallen und ► Metalllegierungen durch elektrochemische Reaktionen. Sie beruht auf Elektronenübertragungsreaktionen.

Kunststoffe: Synthetisch hergestellte ► Stoffe, die aus ► Makromolekülen aufgebaut sind.

L

Laugen: Wässrige ► Lösungen von Metallhydroxiden. Laugen enthalten ► Hydroxid-Ionen [OH^- (aq)].

Legierung: Homogene ► Stoffgemische aus verschiedenen ► Metallen. Legierungen unterscheiden sich in ihren Eigenschaften von den reinen ► Metallen, aus denen sie hergestellt wurden.

Löslichkeit: Gibt an, welche Masse eines festen Stoffes unter Normbedingungen (20 °C, 1 013 hPa) in 100 g eines Lösungsmittels höchstens gelöst werden. Bei der Löslichkeit von Gasen wird angegeben, welche Masse eines Gases sich in 1 Liter Lösungsmittel höchstens löst.

Lösung: Homogene Gemische aus mindestens zwei reinen Stoffen. Sie bestehen aus gelöstem Stoff und Lösungsmittel. Wässrige Lösungen können sauer, neutral oder alkalisch sein. Sie sind durch ► Indikatoren nachweisbar.

Luft: ▸ Stoffgemisch aus mehreren Gasen. Hauptbestandteile sind ▸ Stickstoff ($\varphi = 78\,\%$) und ▸ Sauerstoff ($\varphi = 21\,\%$). Weitere Luftbestandteile sind die Edelgase und ▸ Kohlenstoffdioxid.

Luftschadstoffe: Die in der ▸ Luft enthaltenen Luftverunreinigungen wie Schwefeldioxid, Stickstoffoxide, Kohlenstoffmonooxid und Ozon. Luftschadstoffe können Pflanzen, Tiere und Menschen schädigen und das Klima auf der Erde beeinflussen.

M

Makromolekül: Riesenmolekül, das aus vielen ▸ Monomeren aufgebaut ist.

Massenzahl: Zahl, die der Summe der Anzahl der ▸ Protonen und ▸ Neutronen im Atomkern entspricht. Die Massenzahl ist gleich der Nukleonenzahl.

Metall: ▸ Stoffe, die Wärme und den elektrischen Strom gut leiten. Sie lassen sich verformen und zeigen einen für Metalle typischen Glanz. Sie bilden aufgrund ihrer charakteristischen Eigenschaften eine eigene Stoffgruppe. Metalle lassen sich nach der Dichte in Leichtmetalle ($\varrho < 5\,g/cm^3$) und Schwermetalle ($\varrho > 5\,g/cm^3$) sowie nach der Reaktivität gegenüber ▸ Sauerstoff und ▸ sauren Lösungen in unedle Metalle und Edelmetalle einteilen.

Metallhalogenide: ▸ Halogene reagieren mit ▸ Metallen zu Metallhalogeniden.

Molare Masse *M*: Quotient aus der Masse *m* und der ▸ Stoffmenge *n* einer Stoffportion mit der Einheit g/mol. Sie ist für jeden ▸ Stoff charakteristisch. Aus der molaren Masse eines Stoffes lässt sich die Masse eines Mols dieses Stoffes ableiten.

$M = \frac{m}{n}$ Einheit: $1\,\frac{g}{mol}$

Molares Volumen V_m: Quotient aus dem Volumen und der ▸ Stoffmenge *n* einer Stoffportion eines Gases.

$V_m = \frac{V}{n}$ Einheit: $1\,\frac{l}{mol}$

Unter Normbedingungen beträgt das molare Volumen $V_m = 22{,}4\,\frac{l}{mol}$.

Molekül: Teilchen, das aus zwei oder mehr fest miteinander verbundenen ▸ Atomen zusammengesetzt ist.

Molekülformel: Aus der Molekülformel ist erkennbar, aus welchen ▸ Elementen und wie viele ▸ Atome dieses Elements im Molekül miteinander verbunden sind. Die Molekülformel gibt die genaue Zusammensetzung einer ▸ Molekülverbindung wieder.

Molekülverbindung: Meist gasförmige oder flüssige, aus ▸ Molekülen aufgebaute Stoffe mit relativ niedrigen ▸ Siedetemperaturen. Sie sind nicht elektrisch leitend. Beispiele: Brom, Chlorwasserstoff, Wasser.

Monomere: Viele gleichartige kleine ▸ Moleküle, die durch ▸ chemische Reaktion zu ▸ Makromolekülen verbunden sind.

N

Nachweis von Ionen: Die Bildung von schwer löslichen Salzen wird zum Nachweis von Ionen genutzt, z. B. $Ag^+ (aq) + Cl^- (aq) \longrightarrow AgCl (s)$.

Neutrale Lösung: Wässrige ▸ Lösung, die genauso viele Wasserstoff-Ionen wie ▸ Hydroxid-Ionen enthält. Sie ist weder sauer noch alkalisch. Ihr pH-Wert beträgt 7.

Neutralisation: ▸ Chemische Reaktion, bei der die hydratisierten Wasserstoff-Ionen einer ▸ sauren Lösung mit den hydratisierten ▸ Hydroxid-Ionen einer ▸ alkalischen Lösung zu Wassermolekülen reagieren. Neutralisationen verlaufen exotherm.

Neutron: Elektrisch neutrale Teilchen im Atomkern von ▸ Atomen.

O

Oktanzahl: Maß für die Klopffestigkeit eines Ottokraftstoffs. Je größer der Anteil stark verzweigter Moleküle im Kraftstoff, desto höher ist die Klopffestigkeit. Die Oktanzahl nimmt Werte zwischen 0 (stark klopfend) und 100 (klopffest) an.

Ordnungszahl: Zahl, die die Reihenfolge der ▸ Elemente im ▸ Periodensystem der Elemente kennzeichnet. Sie entspricht der ▸ Kernladungszahl und gibt die Anzahl der ▸ Protonen im Atomkern an.

Oxidation: ▸ Chemische Reaktion, bei der ein Stoff mit ▸ Sauerstoff reagiert. Im erweiterten Sinn ist die Oxidation eine Teilreaktion der ▸ Redoxreaktion, bei der eine Elektronenabgabe stattfindet. Sie ist die Umkehrung der ▸ Reduktion.

Oxidationsmittel: Stoff, der in einer ▸ Redoxreaktion einen anderen Stoff oxidiert.
Bei der ▸ chemischen Reaktion gibt er gebundenen ▸ Sauerstoff ab. Im erweiterten Sinn sind Oxidationsmittel Elektronenakzeptoren. Das Oxidationsmittel wird bei der Redoxreaktion reduziert.

Oxidationszahl: Hilfsmittel zum Erkennen von ► Redoxreaktionen. Bei einer Redoxreaktion erhöht sich die Oxidationszahl des Elektronendonators (Reduktionsmittel), während die Oxidationszahl des Elektronenakzeptors (Oxidationsmittel) kleiner wird.

Oxide: ► Chemische Verbindungen, in denen ein ► Metall oder ein Nichtmetall mit dem Element ► Sauerstoff verbunden ist. Oxide können durch ► chemische Reaktion von Metallen oder Nichtmetallen mit ► Sauerstoff entstehen.

P

Periodensystem der Elemente: Übersicht, in der die ► Elemente auf der Grundlage ihres Atombaus nach steigender ► Ordnungszahl angeordnet sind. Die Elemente sind in waagerechten Zeilen, den Perioden, und in senkrechten Spalten, den Gruppen, angeordnet.

pH-Wert: Maß für den Gehalt einer Lösung an Wasserstoff-Ionen. Er wird aus der ► Stoffmengenkonzentration der Wasserstoff-Ionen berechnet. Bei pH = 7 liegt eine neutrale Lösung vor, bei pH-Werten unter 7 ist die Lösung sauer, bei pH-Werten über 7 liegt eine alkalische Lösung vor.

Polare Elektronenpaarbindung: Art der ► chemischen Bindung in Molekülen. Sind verschiedenartige ► Atome miteinander verbunden, liegt eine polare Elektronenpaarbindung vor, in der das gemeinsame Elektronenpaar von den gebundenen Atomen unterschiedlich stark angezogen wird. Solche ► Moleküle sind häufig ► Dipolmoleküle. Als Vergleichsmaß zum Abschätzen der Polarität einer chemischen Bindung werden die ► Elektronegativitätswerte der Elemente nach PAULING genutzt. Beispiele: in Wassermolekülen und Chlorwasserstoffmolekülen.

Polymere: ► Makromoleküle, aus denen die Kunststoffe aufgebaut sind.

Polymerisation: ► Additionsreaktion, bei der jeweils viele gleiche ► Moleküle mit Mehrfachbindungen unter Bildung eines ► Makromoleküls zusammentreten.

Proton: Positiv elektrisch geladenes Teilchen im Atomkern von ► Atomen.

R

Reaktion mit Protonenübertragung: ► Chemische Reaktion, bei der zwischen den Teilchen der reagierenden Stoffe ► Protonen übertragen werden.

Reaktionsgleichung: Beschreibt eine ► chemische Reaktion mithilfe chemischer Zeichen. Sie kennzeichnet die an der Reaktion beteiligten Stoffe und die Teilchen der Stoffe. Aus Reaktionsgleichungen lassen sich quantitative Aussagen über die kleinstmögliche Anzahl der reagierenden Teilchen, über die ► Stoffmengen aller Stoffe sowie über das ► Stoffmengenverhältnis der Stoffe untereinander ableiten. Beispiel: $2\ H_2\ (g) + O_2\ (g) \longrightarrow 2\ H_2O\ (l)$ | exotherm

Redoxreaktion: ► Chemische Reaktion, bei der ► Oxidation und ► Reduktion gleichzeitig ablaufen. Dabei wird das ► Reduktionsmittel oxidiert und das ► Oxidationsmittel reduziert. Redoxreaktionen sind Donator-Akzeptor-Reaktionen, bei denen zwischen Teilchen der reagierenden Stoffe Elektronenübertragungen stattfinden. Redoxreaktionen haben große Bedeutung bei technischen Prozessen, z. B. bei der Eisenerzeugung im ► Hochofenprozess.

Redoxreihe der Metalle: Anordnung von ► Metallen nach ihrem Bestreben, ► Elektronen abzugeben. Mithilfe der Redoxreihe der Metalle können mögliche ► Redoxreaktionen abgeschätzt werden.

Reduktion: ► Chemische Reaktion, bei der einem Stoff ► Sauerstoff entzogen wird. Im erweiterten Sinn ist die Reduktion eine Teilreaktion der ► Redoxreaktion, bei der eine Elektronenaufnahme stattfindet. Sie ist die Umkehrung der ► Oxidation.

Reduktionsmittel: ► Stoff, der in einer ► Redoxreaktion einen anderen Stoff reduziert. Bei der ► chemischen Reaktion nimmt er ► Sauerstoff auf. Im erweiterten Sinn sind Reduktionsmittel Elektronendonatoren. Das Reduktionsmittel wird bei der Redoxreaktion oxidiert.

Reformieren: Technisches Verfahren zur Erhöhung der ► Oktanzahl im Benzin. Durch Reformieren werden Kohlenwasserstoffmoleküle mit unverzweigten Ketten zu stärker verzweigten oder ringförmigen ► Molekülen umgewandelt.

Reinstoff: ► Stoff, der aus einer Stoffart besteht. Reinstoffe können nicht weiter getrennt werden und haben einheitlich gleichbleibende Eigenschaftskombinationen.

S

Satz von Avogadro: Gleiche Volumina aller Gase enthalten bei gleicher Temperatur und gleichem Druck die gleiche Anzahl Teilchen.

Sauerstoff: Nichtmetall, das aus ▸ Molekülen aufgebaut ist. Sauerstoff ist ein farbloses und geruchloses Gas, das die ▸ Verbrennung anderer Stoffe fördert. Als Nachweis für Sauerstoff dient die Glimmspanprobe: Ein glimmender Holzspan flammt in reinem Sauerstoff auf.

Saure Lösungen: Wässrige Lösungen, die hydratisierte Wasserstoff-Ionen [H^+ (aq)] enthalten. Die hydratisierten Wasserstoff-Ionen bewirken bei ▸ Indikatoren eine typische Farbänderung.

Säuren: Stoffe, die in Wasser gelöst ▸ saure Lösungen bilden.

Schalenmodell des Atoms: Atommodell, das besagt, dass die Atomhülle in Elektronenschalen gegliedert ist. In einer Elektronenschale halten sich ▸ Elektronen mit etwa gleicher Energie in gleichem Abstand zum Atomkern auf.

Schmelztemperatur: Temperatur, bei der ein ▸ Stoff vom festen in den flüssigen ▸ Aggregatzustand wechselt. Der Stoff schmilzt. Die Schmelztemperatur ist eine charakteristische Stoffeigenschaft, die aber von den äußeren Bedingungen abhängt (Luftdruck).

Siedetemperatur: Temperatur, bei der ein ▸ Stoff vom flüssigen in den gasförmigen ▸ Aggregatzustand wechselt. Der Stoff verdampft bzw. siedet. Die Siedetemperatur ist eine charakteristische Stoffeigenschaft, die aber von den äußeren Bedingungen abhängt (Luftdruck).

Stickstoff: Nichtmetall, das aus ▸ Molekülen aufgebaut ist. Stickstoff ist ein farbloses und geruchloses, nicht brennbares Gas, das Flammen erstickt.

Stoffe: Alle Gegenstände bestehen aus Stoffen. Stoffe erkennt man an ihren Eigenschaften. Die Eigenschaften der Stoffe lassen sich mithilfe der Sinnesorgane sowie mit Hilfsmitteln und Messgeräten ermitteln. Jeder Stoff besitzt eine für ihn typische Eigenschaftskombination, durch deren Angabe in einem Stoffsteckbrief jeder Stoff identifizierbar ist.
Der Bau der Stoffe lässt sich mithilfe des Teilchenmodells veranschaulichen. Man stellt sich dabei vor, dass die Stoffe aus kleinsten, unteilbaren Teilchen bestehen, die in ständiger Bewegung sind. Mit dem Teilchenmodell können Erscheinungen und Vorgänge gedeutet werden.

Stoffgemische: Stoffgemische bestehen aus mindestens zwei ▸ Reinstoffen. Sie können in Reinstoffe getrennt werden und haben keine einheitlich gleichbleibenden Eigenschaftskombinationen. Es werden homogene und heterogene Stoffgemische unterschieden. Beispiele für homogene Stoffgemische: Gasgemisch, ▸ Lösung, Legierung. Beispiele für heterogene Stoffgemische: Rauch, Suspension, Emulsion, Gemenge.

Stoffmenge *n*: Mathematische Größe, die der Zählbarkeit von Teilchen zugeordnet ist. Die Stoffmenge $n = 1$ mol gibt an, dass diese Stoffportion aus etwa $6 \cdot 10^{23}$ gleichartigen Teilchen besteht.

Stoffmengenkonzentration *c*: Quotient aus der ▸ Stoffmenge des gelösten Stoffes und dem Volumen der Lösung. Die Einheit ist $\frac{\text{mol}}{\text{l}}$.

$$c(\text{gelöster Stoff}) = \frac{n(\text{gelöster Stoff})}{V(\text{Lösung})}$$

Sublimationstemperatur: Temperatur, bei der ein fester Stoff direkt in den gasförmigen Aggregatzustand übergeht.

Substitution: ▸ Chemische Reaktion, bei der ▸ Atome oder Atomgruppen in ▸ Molekülen der Ausgangsstoffe ausgetauscht werden.

Synthese: ▸ Chemische Reaktion zur Bildung einer Verbindung aus den ▸ Elementen.

T

Titration: Verfahren zur Bestimmung der unbekannten ▸ Stoffmengenkonzentration einer ▸ sauren oder ▸ alkalischen Lösung.

Treibhauseffekt: Die von der Erde emittierte Wärmestrahlung wird von Treibhausgasen in der Atmosphäre absorbiert und führt zu einer Erhöhung der Jahresdurchschnittstemperatur. Wichtige Treibhausgase sind ▸ Kohlenstoffdioxid und Wasserdampf. Die Anreicherung von Treibhausgasen – hauptsächlich Kohlenstoffdioxid – in den letzten 200 Jahren durch Verbrennung fossiler ▸ Brennstoffe durch den Menschen führt zu einer Verstärkung des Treibhauseffekts und damit zum weiteren Anstieg der Jahresdurchschnittstemperatur (anthropogener Treibhauseffekt).

Trennverfahren: Verfahren, die zum Trennen von ▸ Stoffgemischen genutzt werden. Beispiele für Trennverfahren: Sieben, Extrahieren, Sedimentieren, Filtrieren, Zentrifugieren, Eindampfen, Destillieren, Extrahieren, Chromatografieren.

V

Valenzstrichformel (Lewis-Formel): Strukturformel, in der bindende und nicht bindende (freie) Elektronenpaare dargestellt sind.

Van-der-Waals-Kräfte: Schwache Anziehungskräfte zwischen unpolaren ▸ Molekülen, z. B. zwischen Iodmolekülen.

Verbrennung: ▸ Chemische Reaktion, bei der ein Stoff mit dem Element ▸ Sauerstoff unter Entwicklung hoher Temperatur und Lichterscheinungen reagiert. Bei einer Verbrennung entstehen als Reaktionsprodukte ▸ Oxide. Die Verbrennung ist eine ▸ Redoxreaktion.

Veresterung: ▸ Chemische Reaktion, bei der ein ▸ Ester aus ▸ Alkohol und ▸ Säure unter Abspaltung von Wasser gebildet wird.

Verhältnisformel: Aus der Verhältnisformel ist ableitbar, aus welchen ▸ Elementen eine ▸ chemische Verbindung besteht und in welchem Anzahlverhältnis die ▸ Atome der Elemente in der Verbindung vorkommen.

W

Wärmeleitfähigkeit: Stoffeigenschaft, die kennzeichnet, wie gut ein ▸ Stoff die Wärme leitet. ▸ Metalle sind gute Wärmeleiter, Holz und Kunststoff sind schlechte Wärmeleiter.

Wasser: Reines Wasser ist eine ▸ chemische Verbindung. In einem Wassermolekül sind zwei ▸ Atome ▸ Wasserstoff mit einem Atom ▸ Sauerstoff verbunden. Wasser ist farblos, geruchlos und geschmacksfrei. Es siedet bei Normaldruck bei 100 °C und erstarrt bei 0 °C. Wasser ist ein gutes Lösungsmittel für viele feste Stoffe, Flüssigkeiten und Gase. Als Nachweis von Wasser dient die Blaufärbung von weißgrauem Kupfersulfat durch die Bildung von blauem, wasserhaltigem Kupfersulfat.

Wassernachweis: Die Blaufärbung von weißgrauem Kupfersulfat durch die Bildung von blauem, wasserhaltigem Kupfersulfat dient als Nachweis für Wasser.

Wasserstoff: Nichtmetall. In jedem Wasserstoffmolekül sind zwei ▸ Atome Wasserstoff miteinander verbunden. Wasserstoff ist farblos, geruchlos und brennbar. Er hat die geringste Dichte aller Stoffe. Mit ▸ Luft und ▸ Sauerstoff bildet er ein Gasgemisch, das explosionsartig mit lautem Knall verbrennt. Der Nachweis solcher Gasgemische wird als ▸ Knallgasprobe bezeichnet.

Wasserstoffbrücken: Zusätzliche Anziehungskräfte zwischen ▸ Dipolmolekülen, bei denen Wasserstoffatome an ein stark elektronegatives Element gebunden sind. Wasserstoffbrücken werden dadurch zu benachbarten ▸ Molekülen ausgebildet, z. B. in Wassermolekülen.

Wortgleichung: Reaktionsschema zur Beschreibung einer ▸ chemischen Reaktion durch Kennzeichnung von Ausgangsstoffen und Reaktionsprodukten, z. B.:
Eisen (s) + Sauerstoff (g)
$\longrightarrow$ Eisenoxid (s) | exotherm

Register

F

G

H

I

J

K

Bildnachweis

Titelbild: mauritius images/Charles D. Winters/Science Source: S. I, S. VI
akg-images/Erich Lessing: S. 80/1, Colourbox/Rubik O.G.: S. 90/u., Cornelsen: S. 45/4, S. 81/4, Cornelsen/Sven Wilhelm: S. 15/6, S. 30/2, S. 36/A2, Cornelsen/Volker Döring: S. 20/1, S. 22/2, S. 28/1, S. 42/2c, S. 74/3, S. 79/5, S. 81/3a–3c, Cornelsen/Volker Minkus: S. 31/6a–6c, S. 37/D2, S. 37/D2, S. 69/6, Fotofinder/Dietmar Gust: S. 18/2, Fotolia/Antonioguillem: S. 86/1, Bacho Foto: S. 86/2, chirnoagarazvan: S. 11/M., Christian Müller: S. 68/1, Cpro: S. 81/5, E. Schittenhelm: S. 42/1b, fergregory: S. 37/o., Gerhard Seybert: S. 39/o., Gina Sanders: S. 3, S. 60, mirpic: S. 56/r. u., perfectmatch: S. 82/1, photocrew: S. 78/2, picture-factory: S. 33/1, rdnzl: S. 33/2, tarasov_vl: S. 73/6, Glow Images: S. 55/4, imago: S. 61/u., imago stock&people/Uwe Meinhold: S. 50/3, look-foto/Design Pics: S. 39/M., Sabine Lubenow: S. 53/4, mauritius images/Alamy: S. 14/2, S. 15/4, S. 30/1, S. 45/6, S. 61/o., S. 90/A2, Alamy/Paul Fearn: S. 50/2, mauritius images/Charles D. Winters/Science Source: S. I (Titelbild), S. VI, imagebroker.com: S. 14/3, imageBROKER/Florian Kopp: S. 54/1a, imageBROKER/Jacek Bilski: S. 52/1, Novarc: S. 19/1, G.M. Wunsch: S. 79/7, picture alliance/Ulrich Baumgarten: S. 52/2, picture-alliance/dpa: S. 68/2, picture-alliance/ZB: S. 64/1, Science Photo Library/TEK IMAGE: S. 23/1, Shutterstock/aliasemma: S. 87/5, Andrey Khachatryan: S. 24/1, antoni halim: S. 42/2b, Arnold John Labrentz: S. 42/1a, Berezka_Klo: S. 33/4, BESTWEB: S. 46/1, Cristal Tran: S. 3, S. 10, DVARG: S. 39/u., Eldad Carin: S. 23/3, geniuscook_com: S. 78/1, ischte: S. 42/2a, Jaggat Rashidi: S. 54/1b, macondo: S. 84/1, MPanchenko: S. 61/M., Nuttapong Wongcheronkit: S. 16/1, panda3800: S. 56/r. o., Photographee.eu: S. 66/1b, Pressmaster: S. 66/1a, Rich Carey: S. 33/3, Saruri: S. 56/l., Scisetti Alfio: S. 70/1, scphoto60: S. 11/o., Sean Pavone: S. 3, S. 38, Steve Allen: S. 91/o., Tami Freed: S. 11/u., Toscanini: S. 22/1, ultimathule: S. 86/3, Vera Petruk: S. 83/4, Weerachai Khamfu: S. 36/A1, ullstein bild /CARO/Andree Kaiser: S. 44/2, Visum/Stefan Sobotta: S. 72/1, WILDLIFE/M.Harvey: S. 87/6

Periodensystem der Elemente

Metall (blau)	schwarz = Feststoff
Halbmetall (grün)	weiß = Flüssigkeit
Nichtmetall (gelb)	rot = Gas
	hellblau = künstliches Element
	* = radioaktives Element

[1] = Gruppennummerierung IUPAC (1989): Gruppennummern 1 bis 18

Periode	1[1] I. Hauptgruppe	2 II. Hauptgruppe	3 III. Nebengruppe	4 IV. Nebengruppe	5 V. Nebengruppe	6 VI. Nebengruppe	7 VII. Nebengruppe	8 VIII. Nebengruppe	9 VIII. Nebengrup
1	1 1,008 H 2,1 Wasserstoff								
2	3 6,94 Li 1,0 Lithium	4 9,01 Be 1,5 Beryllium							
3	11 22,99 Na 0,9 Natrium	12 24,31 Mg 1,2 Magnesium							
4	19 39,10 K 0,8 Kalium	20 40,08 Ca 1,0 Calcium	21 44,96 Sc 1,3 Scandium	22 47,88 Ti 1,5 Titan	23 50,94 V 1,6 Vanadium	24 51,996 Cr 1,6 Chrom	25 54,94 Mn 1,5 Mangan	26 55,85 Fe 1,8 Eisen	27 58, C 1,8 Cobalt
5	37 85,47 Rb 0,8 Rubidium	38 87,62 Sr 1,0 Strontium	39 88,91 Y 1,3 Yttrium	40 91,22 Zr 1,4 Zirconium	41 92,91 Nb 1,6 Niob	42 95,94 Mo 1,8 Molybdän	43 [98] Tc* 1,9 Technetium	44 101,07 Ru 2,2 Ruthenium	45 102, R 2,2 Rhodium
6	55 132,91 Cs 0,7 Caesium	56 137,33 Ba 0,9 Barium	57 138,91 La 1,1 Lanthan ●	72 178,49 Hf 1,3 Hafnium	73 180,95 Ta 1,5 Tantal	74 183,84 W 1,7 Wolfram	75 186,21 Re 1,9 Rhenium	76 190,23 Os 2,2 Osmium	77 192, 2,2 Iridium
7	87 [223] Fr* 0,7 Francium	88 226,03 Ra* 0,9 Radium	89 227,03 Ac* 1,1 Actinium ●●	104 [261] Rf* Rutherfordium	105 [262] Db* Dubnium	106 [266] Sg* Seaborgium	107 [264] Bh* Bohrium	108 [277] Hs* Hassium	109 [26 Mt Meitnerium

Ordnungszahl: 7 — Atommasse in u (Atomgewicht) ≙ 1 mol = 14,007 g — Elektronegativitätswert: 3,0 — Symbol: N — Name: Stickstoff — 14,007

Die Atommassen in eckigen Klammern beziehen sich auf das längstlebige gegenwärtig bekannte Isotop des betreffenden Elements.

● Elemente der Lanthanreihe (Lanthanoide)

Periode					
6	58 140,12 Ce 1,1 Cer	59 140,91 Pr 1,1 Praseodym	60 144,24 Nd 1,2 Neodym	61 [145] Pm* 1,2 Promethium	62 150, S 1,2 Samarium

●● Elemente der Actiniumreihe (Actinoide)

Periode					
7	90 232,04 Th* 1,3 Thorium	91 231,04 Pa* 1,5 Protactinium	92 238,03 U* 1,7 Uran	93 [237] Np* 1,3 Neptunium	94 [2 Pu 1,3 Plutonium